工 程 力 学

（静力学与材料力学）

主　编　吕江波　万隆君

副主编　包素钦　葛景华　涂婉丽

大连海事大学出版社

ⓒ 吕江波 万隆君 2016

图书在版编目（CIP）数据

工程力学. 静力学与材料力学 / 吕江波，万隆君主
编. —大连：大连海事大学出版社，2016.6
ISBN 978-7-5632-3350-2

I. ①工… II. ①吕… ②万… III. ①工程力学—高
等学校—教材②静力学—高等学校—教材③材料力学—高
等学校—教材 IV. ①TB12②O312③TB301

中国版本图书馆 CIP 数据核字（2016）第 154403 号

大连海事大学出版社出版

地址：大连市凌海路 1 号 邮编：116026 电话：0411-84728394 传真：0411-84727996
http://www.dmupress.com E-mail:cbs@dmupress.com

大连华伟印刷有限公司印装 大连海事大学出版社发行

2016 年 6 月第 1 版 2016 年 6 月第 1 次印刷
幅面尺寸：185 mm×260 mm 印张：13.5
字数：332 千 印数：1~2000 册

出版人：徐华东

责任编辑：杨 淼 责任校对：王 琴
封面设计：王 艳 版式设计：解瑶瑶

ISBN 978-7-5632-3350-2 定价：29.00 元

前　言

工程力学是高等院校许多工科专业普遍开设的一门重要的技术基础课，其内容在工程中应用广泛。轮机工程专业是集美大学历史悠久的特色专业，它要求学生具有较宽的知识面，较强的动手能力，能在工作岗位独当一面。但学生所要学习的课程较多，势必导致本课程的学时分配较少。所以，对于本课程的教学既要突出重点，又要覆盖其主要知识点。鉴于此，本书作者结合自己多年的教学实践，从专业要求的特点出发，编写了此书。

本书在编写过程中，以必需和够用为主，由浅入深，循序渐进，突出重点，理论推导从简，以掌握基本知识和概念、强化应用、扩大知识面为重点，以培养能力为宗旨，适当降低难度，同时，对工程概念有所加强，以利于提高读者分析问题和解决问题的能力。

本书内容包括理论力学的静力学和材料力学的基本内容，可以作为高等院校本科近机械类及高职高专院校机械类专业的工程力学教材，还可以作为相关教师及机械类工程技术人员职业技能培训的参考教材。

本书例题较多，方便读者参考。各章附有小结，供读者复习用。习题中计算题略少，主要考虑学时少的特点，以精练为主，加上选择题和填空题的练习，足够读者自学和巩固重点知识。教材附有习题参考答案。

本书由集美大学轮机工程学院组织编写，由吕江波副教授和万隆君教授担任主编，包素钦、葛景华和涂婉丽担任副主编。其中吕江波副教授编写绪论、第3章和第4章（除4.7节），万隆君教授编写第6章和第8章，包素钦编写第1章和第5章，葛景华编写第4章的第4.7节、第7章和第9章，涂婉丽编写第2章和第10章，全书由吕江波统稿。

本书在编写过程中参考了许多相关书籍，征求了有关同仁的见解和建议，采纳了使用过本书初稿的学生的许多建议，我校庄立球教授认真阅读了书稿，并提出了许多宝贵的建议。我校船舶与海洋工程专业学生苏华圣和邱思达等帮助绘制了许多插图，在此一并深表感谢。

本书的编写力求适应高等教育的改革与发展，但由于编者水平有限，难免有不妥之处，敬请读者批评指正，不胜感激。

编　者

2016年4月

目　　录

绪 论

力学学科的形成与地位

力学是研究物体机械运动规律的科学。

所谓机械运动，是指物体在空间的位置随时间的变化，如日月的运行、车船的行驶、机器的运转、河水的流动及物体的平衡等。

力学作为一门学科可以从牛顿时代算起，是最早形成的自然科学之一。力学研究力的作用与物体的运动，它是自然界和人类活动最基本的现象，这奠定了力学在科学体系中的基础科学地位。随着科学技术和现代工业的发展，力学又以工程和自然界的真实介质和系统为研究对象，成为众多需要精细化、机理化描述的应用科学和工程技术的基础，这又奠定了力学的工程技术地位。

工程力学的任务与内容

在工农业生产的许多领域，各种机械与结构得到广泛的应用。组成机械与结构的基本单元统称为**构件**，如船舶上的螺栓、转轴、钢绳，房屋和大桥的梁、柱、板等。在实际工作中，各构件都会受到力的作用，这就需要考虑怎样能够使构件在工作中既安全合理又节省材料以提高经济效益。如梁工作时受多大的力、需要什么材料、采用什么形状及多大尺寸等，都是工程力学要解决的问题。本书只以构件为研究对象，运用力学的一般规律分析和求解构件的受力情况及平衡问题，建立构件安全工作的力学条件，它仅包含静力学和材料力学两部分的主要内容。

静力学主要研究受力物体平衡时作用力所应满足的条件，同时也研究物体受力的分析方法以及力系简化的方法等；材料力学研究物体（主要是构件）在外力作用下的变形与破坏（或失效）的规律，为合理设计构件提供有关的强度、刚度和稳定性分析的基本理论与基本方法。

本书第 1 章至第 3 章属于静力学的内容，第 4 章至第 10 章属于材料力学的内容。

工程力学的学习方法

工程力学的理论性和应用性较强，许多基本概念和基本原理都是在对工程实际进行抽象，再在数学演绎的基础上建立起来的。因此，学习工程力学的过程中，首先，要学会从形象思维到抽象思维的转变，并在这一过程中注意抓住问题的内在联系，抓住问题的重点，忽略或暂时忽略次要的因素，从而将其抽象成一定的力学模型作为研究对象。例如，图 0-1 所示的桁架结构，当我们研究杆 1 和 2 在力 F 作用下的受力大小时，可以把杆 1 和 2 抽象为刚体（暂时忽略其小变形），然后用静力学的知识，根据平衡条件研究作用在它们上面的力，当我们要设计杆 1 和 2 的形状和尺寸时，就要把杆件视为变形体，并假定其变形是弹性的。研究杆件在载荷作用下的弹性变形情况，属于材料力学的内容。同样地，当我们研究如图 0-2 所示的支座 A、B 对梁 AB 的约束力时，可以忽略梁的变形，把梁抽象为刚体；当设计梁的形状和尺寸时，就应该把梁视为变形体。这样既能使所研究的问题大大简化，又能反映事物的本质，并达到足够的计算精度，满足工程实际的需要。其次，在建立力学模型的基础上，应用归纳和演绎的方法，由少量的基本规律出发，得到多方面揭示受力物体的自然规律，获取相应的定理、定律和公式，建立严密而完整的基本理论和基本方法。最后，与研究其他自然科学问题一样，研究工程力学问题一般遵循实验、观察分析、综合归纳、假设推理、检验等步骤。因此，工程力学中理论和实验不仅有着紧密的联系，而且二者具有同等重要的地位。

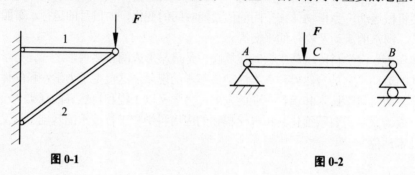

图 0-1   图 0-2

学习工程力学的目的

工程力学是许多工科类专业的专业基础课，学习本课程的目的是：

（1）把工程力学的理论、规律及计算方法应用到工程实际，解决工程中的力学问题，为工农业生产服务；

（2）培养学生的观察力、想象力和逻辑思维能力，这对于提高学生分析和解决问题的能力以及培养创新能力具有重要的作用；

（3）为学习后续的课程打下基础，如结构力学、弹性力学、机械设计基础等课程。

第1章　静力学基本概念和物体的受力分析

本章主要讨论力、刚体及平衡的概念，力的基本性质——静力学公理，约束、约束分类，物体的受力分析及受力图的画法。

1.1　静力学基本概念

1.1.1　刚体

在工程中，任何物体受力后都会产生不同程度的变形，但如果变形微小，对静力学中研究物体的平衡问题不起作用，可以忽略不计，这样我们提出一个理想化的模型，那就是**刚体**，即指物体在力的作用下，其内部任意两点间的距离始终保持不变。换言之，刚体无论受到什么样的力作用，形状都不会改变。静力学中研究的对象主要是刚体，这样我们可以把静力学称为刚体静力学。

1.1.2　平衡

平衡是指物体相对于惯性参考系保持静止或做匀速直线运动。它是物体运动的特殊形式，严格地讲，地球只是近似的惯性参考系。刚体静力学研究的是物体的平衡问题。

1.1.3　力

（1）力的定义

力是物体间的相互机械作用。

力对物体的作用会产生两种效应：（1）使物体运动状态发生改变，称为力的外效应（或运动效应），如由静止到运动、由慢到快、由直线运动到曲线运动等；（2）使物体形状和尺寸发生改变，称为力的内效应（或变形效应）。

（2）力的三要素及表示法

力对物体的作用效应，取决于力的三要素，即力的大小、方向和作用点。力是矢量，可用一条具有方向的线段表示，如图 1-1 所示，本书用**黑体字母**表示矢量，如用 F；用**普通字母**表示矢量的大小，如 F。按照国际单位制的规定，力的单位为牛顿（N）。

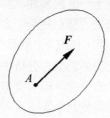

图 1-1　力的矢量表示

如果力的作用范围在一定条件下简化为一个点，这种力就称为**集中力**；若力的作用面积较大，力就不能看成是作用在某一点上，不能用集中力来表示，这种力称为**分布力**。

（3）力系

作用在物体上的一群力称为**力系**。若一个力系与另一个力系对物体的作用效应相同，这两个力系互为**等效力系**。如果一个力与一个力系等效，则这个力称作这个力系的**合力**，力系中的其他各力称作这个力的**分力**。如果一力系使物体处于平衡状态，则该力系称为**平衡力系**。

按照力系中各力作用线分布情况可以将力系进行分类。如果力系各力作用线都在同一平面内，该力系称为**平面力系**，否则称为**空间力系**。如果各力作用线汇交于一点，则为**汇交力系**；各力作用线彼此平行，则为**平行力系**；各力作用线任意分布，则为**任意力系**（一般力系）；力系中每两个力大小相等，方向相反，作用线相互平行且不重合在一起，就构成了**力偶系**。

1.1.4 静力学公理

静力学公理是人类在长期的生活和生产实践中总结和概括出来的，这些公理简单明确，无需证明而为大家公认，它们是静力学的基础。

公理一 力的平行四边形法则

作用于物体上同一点的两个力，可以合成为一个合力，也作用于该点，且合力的大小和方向可用这两个力为邻边所作的平行四边形的对角线来确定，即合力为这两个力的矢量和。如图 1-2 所示，设物体上 A 点作用有力 F_1 和 F_2，则 F_R 即为它们的合力，写成矢量表达式为

$$F_R = F_1 + F_2$$

公理二 二力平衡公理

作用于刚体上的两个力，使刚体处于平衡状态的充要条件是：这两个力大小相等、方向相反，且作用在同一直线上，如图 1-3 所示。该公理阐明了最简单力系使物体平衡时，必须满足的条件。

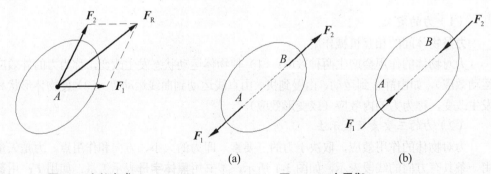

图 1-2 力的合成   图 1-3 二力平衡

二力构件：只在两个力作用下处于平衡的构件，称为**二力构件**（或**二力杆**），这种情况在工程实际中经常遇到。二力构件的受力特点是两个力必在作用点的连线上。如图 1-4(a)、(b)所示，结构中的杆件 CD 在不计自重的情况下，就只受两个力作用且处于平衡状态，故 CD 杆称为二力构件。二力构件的概念在物体的受力分析中处于相当重要的地位。

对刚体而言，这个条件是必要且充分的，但对变形体而言，这个条件是不充分的。船舶吊杆的钢丝绳，在起吊重物时，钢丝绳受两个等值反向的拉力可以平衡，当受到两个等值反向的压力时，就不能平衡了。

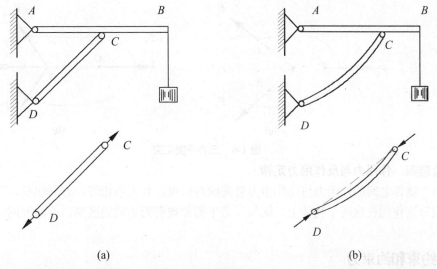

图1-4　二力构件

公理三　加减平衡力系公理

在作用着已知力系的刚体上，加上或减去任一平衡力系，都不会改变原力系对刚体的作用效果。它是力系简化的重要理论依据。

推论1　力的可传性原理

作用于刚体上某点的力，可以沿其作用线移动到刚体上的任一点，而不改变它对该刚体的作用效应，如图1-5所示，从这层意义上讲，力是**滑动矢量**。

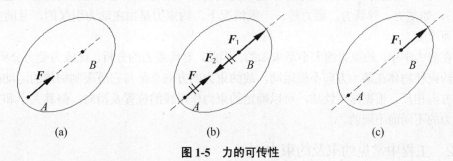

图1-5　力的可传性

必须指出：力的可传性只适用于刚体而不适用于变形体，即在考虑变形体时，力不得离开其作用点，此时力为**定位矢量**。

推论2　三力平衡汇交定理

刚体受三个力作用而处于平衡状态，若其中两力的作用线相交于一点，则此三力必在同一平面内，且汇交于同一点。

证明：如图1-6所示，根据力的可传性原理，可以将力 F_1 和 F_2 移至汇交点 O，然后再根据力的平行四边形法则将力 F_1 和 F_2 合成为 F_{12}，F_{12} 与 F_3 构成平衡力系，则 F_{12} 与 F_3 必共线，即 F_3 过汇交点 O。

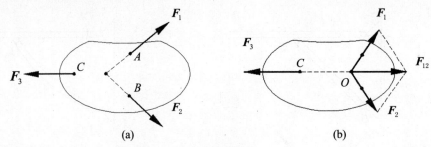

图1-6 三力平衡汇交

公理四 作用力与反作用力定律

两个物体之间的作用力与反作用力总是成对出现，且大小相等，方向相反，沿着同一直线，但分别作用在这两个物体上。这与二力平衡公理有着本质的区别，不能混同。

1.2 约束和约束力

1.2.1 约束和约束力的定义

位移不受任何限制可以在空间做任意运动的物体称为**自由体**，如在空中飞行的飞机、火箭、小鸟等。但有些物体某些方向的位移受到限制，这些物体称为**非自由体**，如停在跑道上的飞机，停在铁轨上的火车，绳索吊着的重物等。对非自由体的某些位移起限制作用的周围物体称为**约束**，如跑道、铁轨、绳索等。限制物体运动或运动趋势的反作用力称为**约束反作用力**，又称**约束反力**，简称**约束力**。能够促使物体产生运动或运动趋势的力称为**主动力**（或**载荷**），如重力、弹簧力、磁力等。一般情况下，约束力是由主动力引起的，且随主动力的改变而改变。

在静力学中，约束力的大小是未知的。因此，对约束力的分析，就成为受力分析的重点。由于约束使物体在某一方向不能运动，故约束力的方向总是与它所限制物体的运动或运动趋势的方向相反。根据这一性质，可以确定约束力作用线的位置及指向，但其大小和方向是随主动力的不同而不同的。

1.2.2 工程中常见约束及约束力

工程中常见约束有柔索约束、光滑接触面约束、光滑圆柱铰链约束、轴承约束和球铰链约束。

（1）柔索约束

属于这类约束的有绳索、链条、皮带构成的约束，如图1-7和1-8所示。这类约束的受力特点是只能受拉，不能受压，只能限制物体沿着它的中心线做离开的运动，因此，柔索约束的约束力方向应沿着柔索而背离物体，作用在柔性体与物体的联结点上。

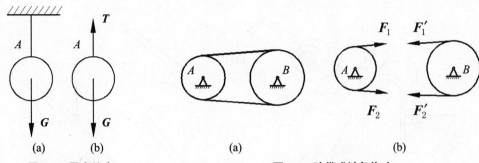

图1-7　柔索约束　　　　　　　图1-8　胶带或链条传动

（2）光滑接触面约束

物体与接触面如果是光滑的，可以不计摩擦，这种类型的约束称为光滑接触面约束。不论接触面是平面或曲面，都不能限制物体沿接触面切线方向的运动，而只能限制物体沿接触面公法线指向被约束物体内部方向的运动，所以光滑接触面约束的约束力沿公法线并指向物体，如图1-9所示。

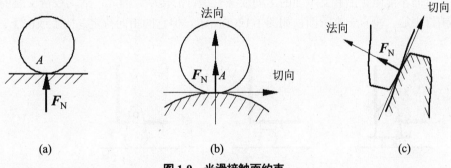

图1-9　光滑接触面约束

【例题1-1】　如图1-10(a)所示，若接触面是光滑的，试画出杆 AB 的受力图。

解：（1）取杆 AB 为研究对象；

（2）在分离体上画出主动力，即重力 G；

（3）按约束性质画出约束力，如图1-10(b)所示。

（3）光滑圆柱铰链约束

铰链是工程中应用较广泛的一种约束，铰链约束是用一圆柱形销钉将两个构件连接在一起。此种约束使连接的两构件间相互限制彼此之间的相对平移而只允许存在相对转动。下面介绍三种常见的铰链约束。

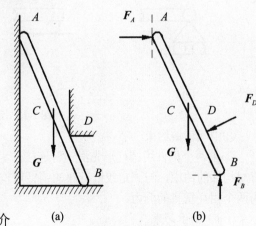

图1-10　例题1-1图

①固定铰链支座

如图1-11(a)、(b)所示，若接触面的摩擦略去不计，按照光滑面约束反力的性质可知，销钉给构件的约束反力应沿圆柱面在接触点的公法线，并通过铰链中心，但接触点的位置往往不能预先确定。因此，常用通过铰链中心的两个相互垂直的分力 F_x 和 F_y 来表示，如图 1-11(c) 所示。

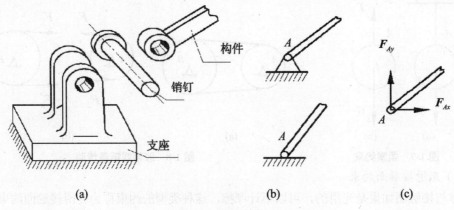

构件

销钉

支座

(a)   (b)   (c)

图 1-11   固定铰链约束

②活动铰链支座

如图 1-12(a)、(b)、(c)所示，这些支座只能限制物体与支座接触处向着支承面或离开支承面的运动，而不能阻止沿着支承面的运动或绕着销钉的转动。因此，活动铰链支座的约束反力通过销钉中心，垂直于支承面，如图 1-12(d)所示，但它的指向待定，向上或向下。

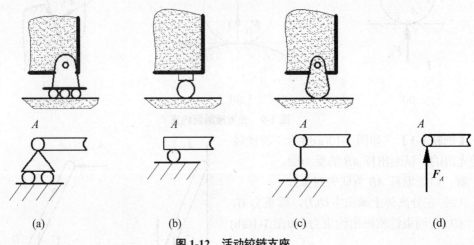

(a)   (b)   (c)   (d)

图 1-12   活动铰链支座

③中间铰链约束

如果两个构件用圆柱形光滑销钉连接，就成为中间铰链，如图 1-13 所示。中间铰链的销钉对构件的约束，与固定铰链支座的销钉对构件的约束性质相同，故其约束反力通常也表示为两个相互垂直的分力。

（4）轴承约束

轴承是机器中常见的一种约束，常用的有向心轴承（径向轴承）和止推轴承。

向心轴承结构如图 1-14(a)、(b)、(c)所示，它的约束性质与圆柱形铰链约束的性质相同，不过在这里轴本身是被约束的构件，其简图和约束反力如图 1-14(d)、(e)所示。

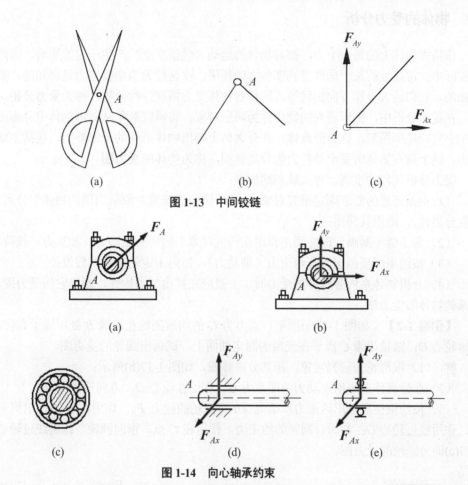

图 1-13 中间铰链

图 1-14 向心轴承约束

止推轴承约束与向心轴承约束不同，它除了能限制轴的径向位移以外，还能限制轴沿轴向的位移。因此，它比向心轴承多一个沿轴向的约束反力，即约束反力有三个正交分力 F_{Ax}、F_{Ay}、F_{Az}。止推轴承的简图及约束反力如图 1-15 所示。

（5）球铰链约束

物体的一端为球形，能在固定的球窝中转动，这种空间类型的约束称为球铰链约束，简称球铰。若不计摩擦，其简图及约束反力如图 1-16 所示。

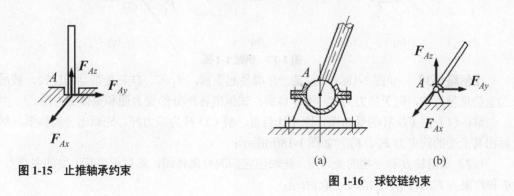

图 1-15 止推轴承约束

图 1-16 球铰链约束

1.3 物体的受力分析

作用在物体上的每一个力,都对物体的运动（包括平衡）产生一定的影响。因此,在工程实际中,常要分析某一构件受到哪些力的作用,在这些力当中哪些力是已知的,哪些力是未知的,它们的大小和方向如何等,这种对物体受力情况进行分析,称为**受力分析**。

在受力分析中,把所研究的物体称为研究对象;将研究对象从周围物体中分离出来,单独画出它的轮廓图形,称为**分离体**;在分离体上画出物体所受的全部外力,包括主动力和约束力,这个画有物体所受全部外力的分离体图,称为物体的**受力图**。

受力分析过程的步骤,可大致归纳如下:

（1）根据问题的要求确定研究对象,并将所确定的研究对象从周围的物体中分离出来（称为取分离体）,画出其简图;

（2）为了避免漏画,应先画出作用在研究对象上的所有主动力,如重力、载荷等;

（3）按约束性质画出所有约束力（被动力）,指向未定的可暂时假设;

（4）分析物体系内各构件的受力时,一般应先找出二力构件,画出它的受力图。然后,画其他物体的受力图。

【例题 1-2】 如图 1-17(a)所示,重力为 G 的均质圆轮在边缘 B 处用绳子系住,绳 AB 通过轮心 O;圆轮边缘 C 点靠在光滑的固定曲面上,试画出圆轮的受力图。

解:（1）取圆轮为研究对象,画其分离体图,如图 1-17(b)所示;

（2）在分离体上画出主动力,即重力 G,作用在轮心 O,方向铅垂向下;

（3）按约束性质画出约束力:柔绳 AB 对圆轮的拉力 F_B,作用在 B 点,沿绳索背离圆轮,作用线过轮心 O;曲面对圆轮的约束力,作用在 C 点,指向圆轮,作用线过轮心 O,图 1-17(c)即为圆轮的受力图。

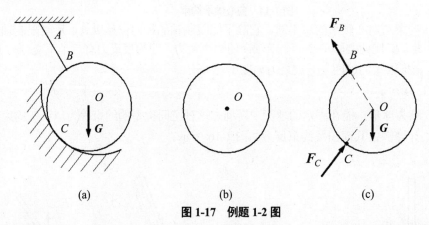

图 1-17　例题 1-2 图

【例题 1-3】 如图 1-18(a)所示是一个简易起重机。A、C、D 三处都是圆柱铰,被吊起的重物重量为 G,绳子拉力为 T,不计自重,试画出各部分的受力图和整体受力图。

解:（1）画 CD 杆的受力图,因不计自重,故 CD 杆为二力杆,先画出分离体图,然后画出其上受的约束力 F_C、F_D,如图 1-18(b)所示;

（2）画滑轮 B 和重物的受力图,先画出它们的分离体图,然后画出其上受的主动力 G、T 和约束力 F_{Bx}、F_{By},如图 1-18(c)所示;

（3）画 *AB* 的受力图，先画出 *AB* 的分离体图，*A* 处是铰链，用正交 F_{Ax}、F_{Ay} 来表示，再画出 *D* 处的约束力以及 *B* 处约束力，如图 1-18(d)所示；

（4）画整体的受力图，以 *CD*、*AB* 以及重物为一个整体，取其为研究对象，画其分离体图，再画出其上所受的所有力，包括主动力 *G*、*T* 以及 *A*、*C* 处的约束力，而 *B*、*D* 处的约束力是在研究对象系统内部的力，称为内力，不必画出，如图 1-18(e)所示。

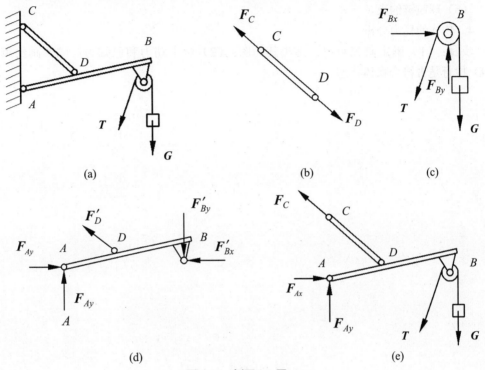

图 1-18 例题 1-3 图

本章小结

1. 静力学基本概念

（1）刚体：力的作用下，内部任两点间的距离始终保持不变的物体。

（2）平衡：物体或系统相对于惯性参考系保持静止或做匀速直线运动的状态。

（3）力及力系：物体间的相互机械作用叫作力，多个力组成的系统叫作力系。

（4）约束：限制非自由体部分运动的物体。

2. 静力学公理

（1）力的平行四边形法则。

（2）二力平衡公理。

（3）加减平衡力系公理。

推论：力的可传性原理和三力平衡汇交定理。

（4）作用力与反作用力定律。

3．常见约束分类

（1）柔索约束。

（2）光滑接触面约束。

（3）光滑圆柱铰链约束：①固定铰链支座；②活动铰链支座；③中间铰链约束。

（4）轴承约束。

（5）球铰链约束。

4．物体的受力分析

步骤：（1）确定研究对象，画出其简图；（2）画主动力和已知力；（3）画约束力；（4）检查是否符合物体状态。

第 2 章　平面力系

　　平面力系是工程中最常见的一种力系。如作用在屋架、汽车、皮带轮、圆柱直齿轮等物体上的力系都可以视为平面力系，它的分类在第一章已经说明过，在此不赘述了。本章将讨论力的投影和分力的区别，平面力系中各种力系的简化和平衡问题。

2.1　平面力系的基本概念

2.1.1　力在坐标轴上的投影

　　设在刚体上的 A 点作用一个力 F，如图 2-1 所示，在力的同一个平面内有一个 x 轴，从力的矢量 F 的两端分别向 x 轴作垂线得到线段 ab，称为力 F 在 x 轴上的投影，记为 X 或 F_x。如果线段 ab 指向和 x 轴的正向一致，则力 F 在 x 轴上的投影设定为正值，反之为负值。如力 F 与 x 轴的正向间的夹角为 α，则有

$$F_x = F \cos \alpha \tag{2-1}$$

即力在某轴上的投影，等于力的大小（模）乘以力与投影轴正向间夹角的余弦。当 α 为锐角时，F_x 为正值[如图 2-1(a)所示]；当 α 为钝角时，F_x 为负值[如图 2-1(b)所示]。可见，**力在轴上的投影是代数量**。

　　有两种特例：

　　（1）当力平行于投影轴，即 $\alpha = 0$ 或 $\alpha = 180°$，此时，$F_x = F$ 或者 $F_x = -F$。

　　（2）当力垂直于投影轴，即 $\alpha = 90°$，此时 $F_x = 0$，表明力在轴上的投影等于零。

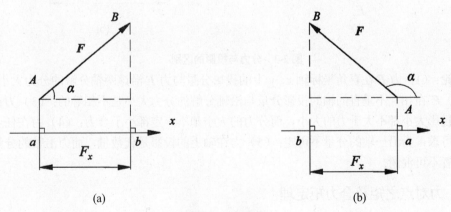

(a)　　　　　　　　　　　　　　　　　(b)

图 2-1　力的投影

　　如果已知力 F 在直角坐标轴上的投影分别为 $F_x = F \cos \alpha$，$F_y = F \cos \beta = F \sin \alpha$，则该力的大小和方向为

$$F = \sqrt{F_x^2 + F_y^2}$$

$$\cos \alpha = \frac{F_x}{F}$$

$$\cos \beta = \frac{F_y}{F}$$

(2-2)

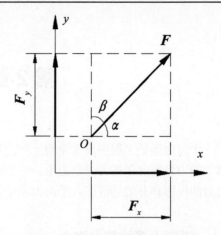

式中的 α 和 β 分别为力 F 与 x 轴和 y 轴的正向间的夹角，如图 2-2 所示。

2.1.2　力的分解与投影的区别

从图 2-3(a)可以看出，当力 F 沿着直角坐标轴 x 和 y 分解为 F_x 和 F_y 两个力时，它们的大小分别等于力 F 在两轴上的投影 F_x 和 F_y 的绝对值。但是，

图 2-2　力在直角坐标轴上的投影

当两个坐标轴 x，y 相互不垂直时，则沿两轴的分力 F_x 和 F_y 在数值上不等于力 F 在两轴上的投影 X、Y（这里为了与分力 F_x、F_y 区别，用 X、Y 表示投影，实际上 X 就是 F_x，Y 就是 F_y），如图 2-3(b)所示。

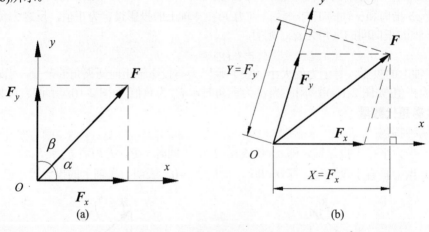

(a)　　　　　　　　　　　　　　(b)

图 2-3　分力与投影的区别

结论：（1）力 F 在直角坐标轴 x、y 上的投影分量与力 F 沿该两轴分解的分力大小相等；（2）力 F 在相互不垂直的轴的投影分量与沿轴分解的分力大小是不相等的；（3）力在任一轴上的投影大小都不大于力的大小，而分力的大小却不一定都小于合力；（4）力在任一轴上的投影可求，力沿一轴的分量不可定；（5）力在轴上的投影是代数量，而力沿轴的分量为矢量，二者不可混淆。

2.1.3　力对点之矩及合力矩定理

（1）力对点之矩的概念

如图 2-4 所示，用扳手转动螺母时，作用于扳手一端的力 F 使扳手绕点 O（即绕通过点 O 并垂直于图面的轴）转动。由经验可知，力 F 的值越大，螺母拧得越紧（或越易松动）。力 F 作用线到点 O 的垂直距离 d 越大，就越省力，即力 F 使物体绕 O 点产生转动的效果不

仅与力 F 的大小有关，而且还与距离 d 有关。因此，在力学中以乘积 Fd 作为度量力 F 使物体绕 O 点产生转动效应的物理量，称为力 F 对 O 点之矩，简称**力矩**，记作 $M_o(F)$，即

$$M_o(F) = \pm Fd \qquad (2\text{-}3)$$

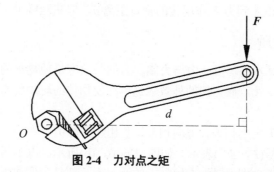

图 2-4　力对点之矩

式中，O 点称为**力矩中心**（简称**矩心**），力 F 作用线到 O 点的垂直距离 d 称为**力臂**。

平面内，力对点之矩只取决于力矩的大小及旋转方向，故力对点之矩是代数量，其正负规定为：**力使物体绕矩心逆时针转动时力矩为正，顺时针转动时力矩为负。**

力矩的国际单位是牛顿·米（N·m）或千牛顿·米（kN·m）。

（2）力对点之矩的性质

由式（2-3）可知，力对点之矩有如下性质：

①力对点之矩不仅取决于力的大小，同时还与矩心的位置有关；

②力对任一点之矩，不会因该力沿其作用线移动而改变，因为此时力和力臂的大小均未改变；

③力的作用线通过矩心时，力对该点之矩等于零；

④互成平衡的一对力对同一点之矩的代数和等于零。

（3）合力矩定理

平面合力矩定理表述了平面力系中合力对平面内一点的力矩与分力对同一点的力矩之间的关系：**平面汇交力系的合力对于平面内任一点之力矩等于该力系中各分力对同一点之力矩的代数和。**该定理不仅适用于正交分解的两个分力系，对任何有合力的力系均成立。

若平面汇交力系有 n 个力 F_1，F_2，$\cdots$，F_n 作用，其合力为 F_R 则有

$$M_O(F_R) = \sum_{i=1}^{n} M_O(F_i) \qquad (2\text{-}4)$$

为便于书写，常将上式中的上、下标略去，即 $M_O(F_R) = \sum M_O(F)$。

【例题 2-1】　如图 2-5 所示，力 $F = 500\ \text{N}$，$\alpha = 45°$，试求力 F 对 A 点之矩。

解：将力 F 分解为两个分力 F_1 和 F_2，它们的大小分别为：

$$F_1 = F\cos 45° \qquad F_2 = F\sin 45°$$

由合力矩定理，得：

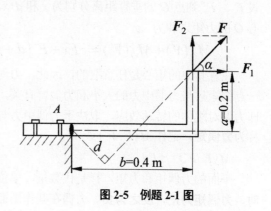

图 2-5　例题 2-1 图

$$M_A(\boldsymbol{F}) = M_A(\boldsymbol{F}_1) + M_A(\boldsymbol{F}_2)$$
$$= -Fa\cos 45° + Fb\sin 45°$$
$$= 500 \times (-0.2 \times \cos 45° + 0.4 \times \sin 45°)$$
$$= 70.71 \text{ N} \cdot \text{m}$$

本题可以直接计算矩心 A 到力 $\boldsymbol{F}$ 作用线的垂直距离 d，但略微麻烦。

2.1.4　力偶及其性质

静力学中有两个基本物理量：**力与力偶**。力的外效应是使物体的机械运动状态（移动状态或转动状态）发生变化，而力偶的外效应是单纯使物体的转动状态发生变化。

（1）力偶的定义

作用在同一物体上大小相等、方向相反、作用线平行但不在同一直线的两个力所组成的力系称为**力偶**，用符号 $(\boldsymbol{F}, \boldsymbol{F}')$ 表示。如图 2-6(a)、(b)所示，汽车司机双手作用于方向盘上的两个力，钳工用双手攻螺纹时加在铰杠上的两个力，都是力偶作用的实例。力偶中的两个力 $\boldsymbol{F}$、$\boldsymbol{F}'$ 所组成的平面称为**力偶作用面**，二力作用线之间的距离 d 称为**力偶臂**。作用于刚体上的两个或两个以上的力偶称为**力偶系**。

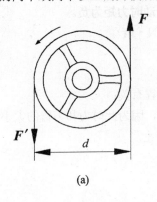
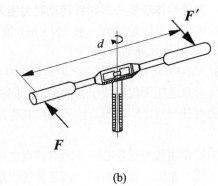

(a)　　　　　　　　　　　　　　(b)

图 2-6　力偶

（2）力偶的三要素

现在来研究力偶对刚体的转动效应。力偶对刚体的转动效应取决于组成力偶的两力对刚体作用的结果，因此，力偶对刚体的转动效应应等于组成力偶的两力对刚体的转动效应之和。如图 2-7 所示，在力偶 $(\boldsymbol{F}, \boldsymbol{F}')$ 的作用面内任取一点 O 为矩心，设 $\boldsymbol{F}$、$\boldsymbol{F}'$ 到点 O 的垂直距离分别为 x 和 $d+x$，则两个力对矩心 O 的力矩之和为

$$M_O(\text{F}) + M_O(\text{F}') = -Fx + F'(d+x) = Fd$$

注意其中的矩心是任意取的，因此，力偶对其作用面内任一点的矩只与力偶中力的大小和力偶臂有关，而与矩心无关。即力偶对刚体的转动效应，取决于力偶中力与力偶臂的乘积，称为**力偶矩**，记作 $M(\boldsymbol{F}, \boldsymbol{F}')$ 或 M。

$$M(\boldsymbol{F}, \boldsymbol{F}') = \pm Fd \qquad\qquad (2\text{-}5)$$

图 2-7　力偶与矩心的关系

平面的力偶矩和力矩一样是代数量，单位为 N·m。**通常规定：力偶使刚体逆时针转动时，力偶矩为正，反之为负**。力偶在其作用面内可用一弯曲的箭头表示，箭头表示力偶的转

向，如图 2-8(a)所示，M 表示力偶矩的大小。可见，力偶三要素是力偶作用面、力偶的大小（即力偶矩）及转向。

（3）力偶的等效条件与性质

①力偶的等效条件

在同一平面内的两个力偶，只要它们的力偶矩大小相等，转动方向相同，则两力偶必等效，这就是**平面力偶的等效定理。**

②力偶的性质

根据力偶的定义、力偶的三要素及力偶的等效条件可知，力偶具有以下一些基本性质：

性质一　力偶在任何坐标轴上的投影代数和均为零。所以力偶无合力，力偶也不能与力等效，力偶只能用力偶来平衡。

性质二　力偶对其作用平面内任一点之力矩，恒等于其力偶矩，而与矩心的位置无关。

性质三　保持力偶矩的大小不变，力偶中的力和力偶臂的大小可以改变，而不会改变对刚体的作用效应，如图 2-8(b)。

性质四　力偶可在其作用平面内任意搬移，而不改变它对刚体的转动效应，如图 2-8(c)。（说明：**如果是空间力偶，那么力偶要用矢量来表示，则作用在刚体上的力偶是一个自由矢量。**）

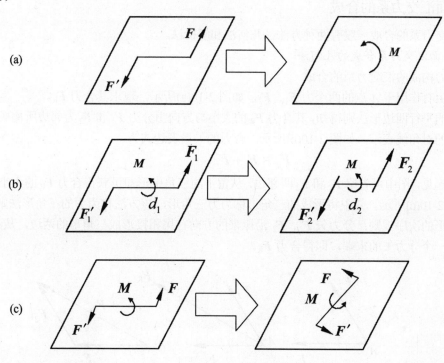

图 2-8　力偶的性质

2.2　平面汇交力系

在平面力系中，各力的作用线或作用线的延长线汇交于一点的力系称为**平面汇交力系**，作用线汇交的点称为**汇交点**。如图 2-9(a)所示的螺栓吊环的受力，图 2-9(b)所示的桁架汇交的节点上的受力，都是平面汇交力系的实例。本节讨论平面汇交力系的合成和平衡条件，主要研究方法采用几何法（图解法）和解析法。

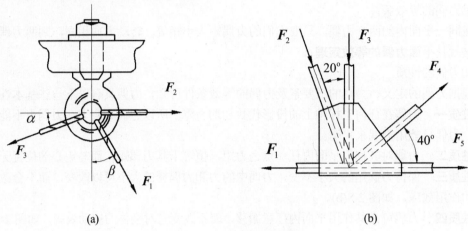

(a)　　　　　　　　　　　　　　　　　(b)

图 2-9　平面汇交力系实例

2.2.1　平面汇交力系的合成

平面汇交力系的合成一般有两种方法：几何法和解析法。

（1）平面汇交力系合成的几何法

①两个力构成的汇交力系的合成

设物体上有作用于 A 点的两个力 F_1、F_2，如图 2-10(a)所示，现求其合力 F_R。

根据力的平行四边形法则得知，其合力 F_R 的大小与方向由分力 F_1 和 F_2 为邻边所构成的平行四边形的对角线表示，如图 2-10(b)所示，合力的矢量表达式为

$$F_R = F_1 + F_2$$

为简便起见，图中可省略 F_1 和 F_2 两邻边，从留下的三角中形即可获得合力 F_R 的大小与方向，如图 2-10(c)所示。其中将形成的三角形称为力三角形，该方法称为力的三角形法则。

力三角形的次序规则：分力矢 F_1、F_2 沿原来的方向首尾相接形成三角形的两边，从起点指向最后一个分力矢的末端，即得合力 F_R。

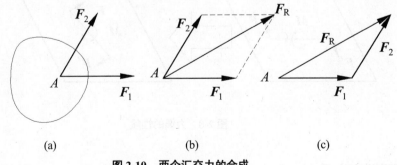

(a)　　　　　　　　　(b)　　　　　　　　　(c)

图 2-10　两个汇交力的合成

②多个力的构成的汇交力系合成

以刚体上作用有四个力为例，如图 2-11(a)所示，这些力的作用线或者作用线的延长线汇

交于 A 点，大小分别为 $F_1 = 10$ kN，$F_2 = 14$ kN，$F_3 = 14$ kN，$F_4 = 15$ kN，根据力的可传性，把它们沿其作用线移至 A 点，如图 2-11(b)所示。为了把它们两两合成，采用力的三角形法则，将 F_1 和 F_2 合成得 F_{12}，然后将 F_{12} 和 F_3 合成得 F_{123}，反复运用力三角形法则，最终可得力系的合力 F_R，如图 2-11(c)所示。

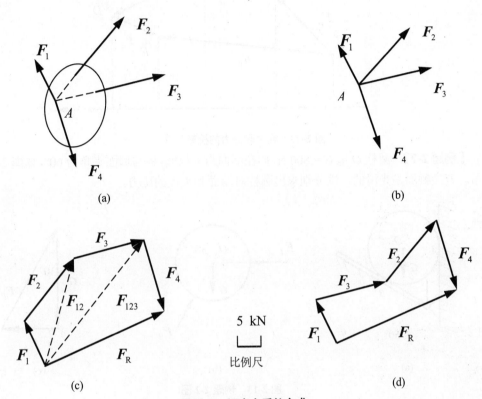

图 2-11　汇交力系的合成

显然，对于多个力组成的汇交力系的合成时，反复使用力三角形法则比较繁琐。实际上只需将力系中各力的力矢首尾相接，构成一个开口的力多边形，由开口的力多边形的始点指向终点的封闭边即为合力矢，如图 2-11(c)所示。合力的作用点仍在力系公共作用点上，这种求合力的方法称为**力多边形法则**，它是任意矢量合成的普遍法则。

改变各力的顺序，力多边形的形状也将改变，但封闭边不变,如图 2-11(d)所示。

结论：汇交力系的合成结果是一个合力，其合力的作用线通过力系的汇交点，大小和方向可由力多边形的封闭边来表示。

（2）合力投影定理

合力投影定理建立了合力的投影与分力的投影之间的关系，如图 2-12 所示，由平面汇交力系 F_1、F_2、F_3、F_4 四个力的力矢组成的力多边形，其合力为 F_R。将力多边形中各力矢在 x 轴上投影，由图可见 $ae = ab + bc + cd - de$。

根据投影定义，ae 表示的是合力在 x 轴上的投影，ab、bc、cd、de 则是四个分力在 x 轴上的投影，即

$$F_{Rx} = F_{1x} + F_{2x} + F_{3x} - F_{4x} \tag{2-6}$$

显然，上式可以推广到任意多个力的情况。于是得出结论：**合力在任一轴上的投影等于**

其各分力在同一轴上投影的代数和，这就是合力投影定理。

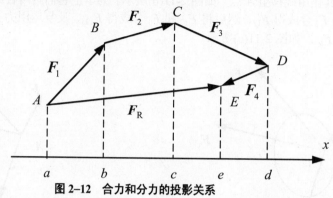

图 2-12　合力和分力的投影关系

【**例题 2-2**】　圆柱 O 重 $G = 800$ N，搁在墙面与夹板间，板与墙面夹角为 60°，如图 2-13(a) 所示。若接触面是光滑的，试分别求出圆柱对墙面和夹板的压力。

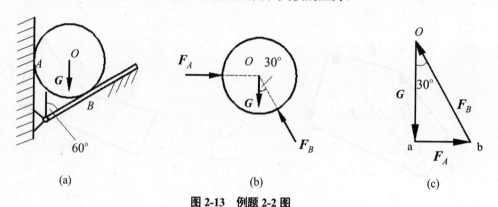

(a)　　　　　　　　　　(b)　　　　　　　　　　(c)

图 2-13　例题 2-2 图

解：（1）取圆柱为研究对象，并画出受力图，如图 2-13(b)所示。

（2）利用平面汇交力系的几何法进行合成，见图 2-13(c)，则有

$$F_A = G \tan 30° = 800 \times \tan 30° = 461.9 \text{ N}$$

$$F_B = \frac{G}{\cos 30°} = \frac{800}{\cos 30°} = 923.8 \text{ N}$$

根据作用力和反作用力定律，圆柱对墙板和夹板的压力在方向上分别与上述的两个力方向相反。

（3）平面汇交力系合成的解析法

解析法是以力在坐标轴上的投影分析力系的合成及其平衡的方法。它的特点是将矢量运算转化为标量运算，**合力投影定理**是实现这一转化的基础。

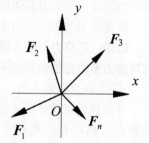

图 2-14　汇交力系合成的解析法

在计算平面汇交力系的合成时，首先选定坐标系 Oxy，然后计算出力系中各力在 x 轴上的投影 F_{1x}，F_{2x}，$\cdots$，F_{nx} 和在 y 轴上的投影 F_{1y}，F_{2y}，$\cdots$，F_{ny}，如图 2-14 所示。根据合力投影定理，有

$$F_{Rx} = F_{1x} + F_{2x} + \cdots + F_{nx} = \sum F_x \tag{2-7}$$

$$F_{Ry} = F_{1y} + F_{2y} + \cdots + F_{ny} = \sum F_y \tag{2-8}$$

再根据公式（2-2）可计算出合力的大小和方向为

$$\left.\begin{array}{c} F_{R} = \sqrt{F_{Rx}^{2} + F_{Ry}^{2}} \\[2mm] \cos \alpha = \dfrac{F_{Rx}}{F_{R}} \\[3mm] \cos \beta = \dfrac{F_{Ry}}{F_{R}} \end{array}\right\} \tag{2-9}$$

其中，α、β 分别表示合力与投影轴 x、y 的夹角。合力的作用点为力系的汇交点。（为便于书写，下标 i 已略去。）

对于力的数目较多的力系或空间汇交力系，利用解析法计算合力既方便又准确。

2.2.2 平面汇交力系的平衡条件

由前面的分析可知，平面汇交力系合成的结果是一个合力。因此，平面汇交力系平衡的充要条件是力系的合力等于零，即：

$$F_{R} = \sum F = 0 \tag{2-10}$$

平面汇交力系的平衡条件常用几何形式和解析形式表示，下面将分别讨论。

（1）汇交力系平衡的几何条件

由于平面汇交力系可用一个力来代替，为满足合力等于零，其力多边形的特点是，最后一个力的终点与第一个力的始点相重合，即封闭边的长度为零。因此，汇交力系平衡的几何条件是：**力多边形自行封闭**。

（2）汇交力系平衡的解析条件

对于平面汇交力系，若取 Oxy 坐标平面为力系所在平面，由式（2-10）得平衡方程为

$$\begin{cases} \sum F_{x} = 0 \\ \sum F_{y} = 0 \end{cases} \tag{2-11}$$

于是，用解析法表示的平面汇交力系平衡的必要和充分条件是：**各力在两个坐标轴上投影的代数和分别等于零**。

平面汇交力系平衡时能够列出两个独立平衡方程，解出两个未知量。

用解析法求解平面汇交力系的平衡问题时，未知力的指向可预先假设：若计算结果为正值，则表示预先假设的力的指向是正确的；若为负值，则表示预先假设的力的指向与实际指向相反。

【例题 2-3】 如图 2-15(a)所示，钢绳连接吊起重物 G，求钢绳 AB、AC 所受的拉力。

解：（1）取销钉 A 为研究对象，并画出受力图，如图 2-15(b)所示。

（2）建立坐标系如图所示，列销钉 A 的平衡方程并求解

$$\sum F_{x} = 0, \qquad T_{C} \cos 60^{\circ} - T_{B} \cos 30^{\circ} = 0$$

$$\sum F_{y} = 0, \qquad T_{C} \sin 60^{\circ} + T_{B} \sin 30^{\circ} - G = 0$$

联立解得 $\qquad T_{B} = \dfrac{1}{2} G, \qquad T_{C} = \dfrac{\sqrt{3}}{2} G$

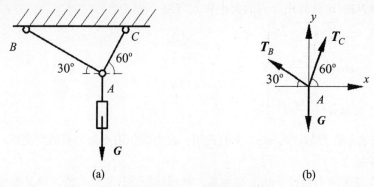

(a)　　　　　　　　　　　　(b)

图 2-15　例题 2-3 图

【**例题 2-4**】　如图 2-16(a)所示，物体重 $W = 20$ kN，用绳子挂在支架的滑轮 B 上，绳子的另一端连接在铰车 D 上，转动铰车，物体便能升起。设滑轮的大小及自重、杆 AB 和杆 BC 自重及摩擦略去不计，A、B、C 三处均为铰链连接，当物体处于平衡状态时，试求拉杆 AB 和杆 BC 所受的力。

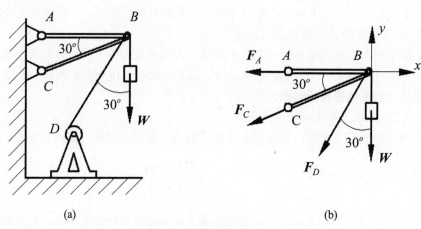

(a)　　　　　　　　　　　　(b)

图 2-16　例题 2-4 图

解：取支架、滑轮及重物为研究对象，画受力图，如图 2-16(b)所示。

这是一个平面汇交力系，选取直角坐标系 Bxy，建立平衡方程

$$\sum F_x = 0, \qquad -F_A - F_C \cos 30° - F_D \sin 30° = 0$$

$$\sum F_y = 0, \qquad -F_C \sin 30° - F_D \cos 30° - W = 0$$

由于 $F_D = W = 20$ kN，将 F_D、W 代入上述方程，联立解得：$F_A = 54.64$ kN（拉力），$F_C = -74.64$ kN（负号表明与原假设方向相反，即杆 CB 受到的是压力）。

2.3　平面力偶系

由前述已知，两个或两个以上的力偶组成的力系称为力偶系。如果力偶系的所有力偶作用面均在同一平面内，即称为平面力偶系。

2.3.1　平面力偶系的合成

设在同一平面内有两个力偶$(F_1，F_1')$、$(F_2，F_2')$，其力偶臂分别为d_1、d_2，根据定义，它们的力偶矩分别为$M_1=F_1d_1$，$M_2=-F_2d_2$，如图 2-17(a)所示。现在为了说明合成结果，根据力偶的性质，再构造两个新的等效力偶$(F_3，F_3')$和$(F_4，F_4')$，使它们的力偶臂都为d，令$M_1=F_1d_1=F_3d$，$M_2=-F_2d_2=-F_4d$，并且将新的力偶在平面内转动，使力F_3和F_4，F_3'和F_4'的作用线重合，如图 2-17(b)所示。分别将作用在点A和点B上的力合成(设$F_3>F_4$)，得

$$F=F_3-F_4，\qquad F'=F_3'-F_4'$$

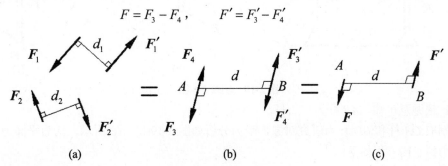

(a)　　　　　　　　(b)　　　　　　　　(c)

图 2-17　平面力偶系的合成

由于F和F'是相等的，所以构成了与原力偶系等效的**合力偶**$(F，F')$，如图 2-17(c)所示。以M表示合力偶的矩，则有

$$M=Fd=(F_3-F_4)d=F_3d-F_4d=M_1+M_2$$

即**合力偶的矩等于原力偶系中各力偶矩的代数和。**

同样，两个以上的平面力偶，可以按照上述方法合成，即作用于刚体上的平面力偶系可合成为一个合力偶，其合力偶矩等于各分力偶矩的代数和。

$$M_R=M_1+M_2+\cdots+M_n=\Sigma M_i \tag{2-12}$$

2.3.2　平面力偶系的平衡条件

平面力偶系平衡的充要条件是：**所有各力偶矩的代数和等于零。**即：

$$\Sigma M_i=0 \tag{2-13}$$

【例题 2-5】　如图 2-18 所示，多孔钻床在气缸盖上钻四个圆孔，钻头作用工件的切削力构成一个力偶，且力偶矩的大小$M_1=M_2=M_3=M_4=15\,\text{N}\cdot\text{m}$，转向如图所示。试求钻床作用于气缸盖上的合力偶矩$M_R$。

解：取气缸盖为研究对象，受力分析如图所示，可见其一平面力偶系。其合力偶矩为

$$M_R=M_1+M_2+M_3+M_4=(-15)\times 4=-60\,\text{N}\cdot\text{m}$$

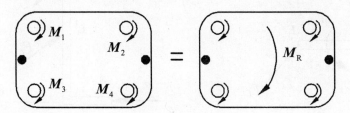

图 2-18　例题 2-5 图

【例题 2-6】 如图 2-19(a)所示的铰接四连杆机构 $OABD$，在杆 OA 和 BD 上分别作用着矩为 M_1 和 M_2 的力偶，它们使机构在图示位置处于平衡。已知 $OA = r$，$DB = 2r$，$\alpha = 30°$，不计杆重，试求 M_1 和 M_2 之间的关系。

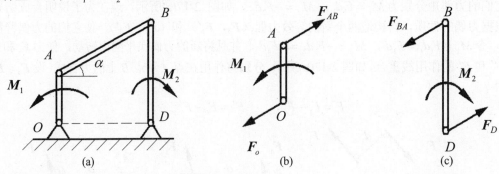

图 2-19 例题 2-6 图

解：依题意可知，AB 杆为二力杆。

分别取 OA 杆和 BD 杆为研究对象，受力分析如图 2-19(b)、(c)所示，均为平面力偶系，分别列力偶平衡方程如下：

OA 杆：$\sum M = M_1 - F_{AB}\, r \cos \alpha = 0$

BD 杆：$\sum M = -M_2 + 2F_{BA}\, r \cos \alpha = 0$

又因为 $F_{AB} = F_{BA}$

所以 $\quad M_2 = 2M_1$

【例题 2-7】 如图 2-20(a)所示，求 A、B、C、D、E 处的约束反力。

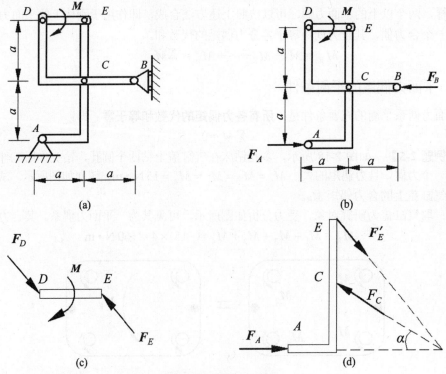

图 2-20 例题 2-7 图

解：（1）取整体为研究对象，受力分析如图 2-20(b)所示，这是一个平面力偶系，列平衡方程：

$$\sum M = -M + F_A a = 0 \qquad 解得：F_A = F_B = \frac{M}{a}$$

（2）取 DE 杆为研究对象，由力偶系平衡可知，F_D 和 F_E 构成一个力偶与力偶 M 平衡，受力分析如图 2-20(c)所示，这是一个平面力偶系，列平衡方程：

$$\sum M = -M + F_D a \sin 45° = 0$$

$$解得：\quad F_D = F_E = \frac{\sqrt{2}M}{a}$$

（3）取 ACE 杆为研究对象，受力分析如图 2-20(d)所示，这是一个平面汇交力系，列平衡方程：

$$\sum F_y = F_C \sin \alpha - F_E' \cos 45° = 0$$

$$其中，\quad \sin\alpha = \frac{1}{\sqrt{5}}$$

$$解得：\quad F_C = \frac{\sqrt{5}M}{a}$$

2.4　平面任意力系

力系中各力的作用线都在同一平面内，它们既不汇交于一点，又不全部平行的力系称为平面任意力系。如图 2-21、图 2-22 所示皆为平面任意力系的实例。

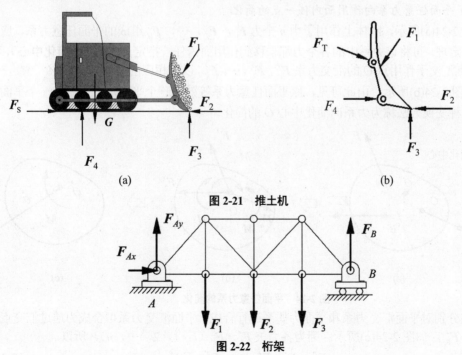

(a)　　　　　　　　(b)

图 2-21　推土机

图 2-22　桁架

2.4.1 平面任意力系的简化

（1）力的平移定理

如图 2-23(a)所示，在刚体上某点 A 作用着力 F，为了使这个力平行移动到刚体内任意给定的一点 B，而不改变原力对刚体的作用效应，可做如下变换：在点 B 上添加一对与原力平行的平衡力 F' 和 F''（依据加减平衡力系公理），如图 2-23(b)所示，且令力 $F' = -F'' = F$，此时力 F 和 F'' 构成一个力偶，其值为

$$M = M_B(F) = Fd \tag{2-14}$$

力 F' 可以视为是将力 F 从 A 点平移到 B 点，如图 2-23(c)所示。

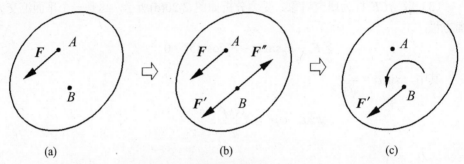

(a)　　　　　　　　　(b)　　　　　　　　　(c)

图 2-23　力的平移定理说明

由此可得，**作用在刚体上的力可以平行移动至刚体内任意指定点，但必须同时附加一个力偶，此附加力偶的矩等于原力对指定点的矩，其转向与原力对指定点的转向相同，这就是力的平移定理。**

（2）平面任意力系向作用面内任一点的简化

如图 2-24(a)所示，刚体上作用了由 n 个力 F_1，F_2，$\cdots$，F_n 组成的平面任意力系，应用力的平移定理，可将该力系中的各个力都平移到作用面内任一指定点 O（称为**简化中心**），这样，就得到汇交于作用点 O 的汇交力系 F_1'，F_2'，$\cdots$，F_n'，以及相应的附加力偶系 M_1，M_2，$\cdots$，M_n，如图 2-24(b)所示。由此可见，原平面任意力系等效为一个平面汇交力系和一个平面力偶系，这种变换方法称为力系向简化中心 O 的简化。

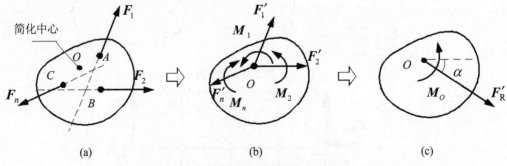

(a)　　　　　　　　　(b)　　　　　　　　　(c)

图 2-24　平面任意力系的简化

现在分别对平面汇交力系和平面力偶系进行合成。平面汇交力系可合成为通过汇交点 O 的一个力 F_R'，如图 2-24(c)所示。因为各力矢 $F_i' = F_i$（$i = 1$，2，$\cdots$，n），所以

$$F_R' = F_1' + F_2' + \cdots + F_n' = \sum F \tag{2-15}$$

即力矢 F_R' 等于原来各力的矢量和，F_R' 称为该力系的**主矢**，其大小和方向为

$$\left.\begin{aligned} F_R' &= \sqrt{(\sum F_x')^2 + (\sum F_y')^2} = \sqrt{(\sum F_x)^2 + (\sum F_y)^2} \\ \cos \alpha &= \frac{F_{Rx}'}{F_R'} \\ \cos \beta &= \frac{F_{Ry}'}{F_R'} \end{aligned}\right\} \qquad (2\text{-}16)$$

而平面力偶系可合成为一个力偶，该力偶的矩 M_O 等于各附加力偶矩的代数和，又等于原来各力对点 O 的矩的代数和，即

$$M_O = M_1 + M_2 + \cdots + M_n = \sum M_O(F_i) \qquad (2\text{-}17)$$

M_O 称为该力系的**主矩**。

因为力系中各个力在平移时没有改变大小和方向，只是改变了作用点，所以主矢与简化中心无关。而各个力在平移时的附加力偶会随着简化中心的不同而不同，所以主矩一般与简化中心有关，必须指明力系是对于哪一点的主矩。

结论：平面任意力系向平面内任意点简化，得到一个主矢 F_R' 和一个主矩 M_O；主矢 F_R' 作用线通过简化中心 O，其大小等于原力系中的各分力在直角坐标轴投影代数和平方后再开方，其大小和方向与简化中心的选取无关；主矩 M_O 的大小等于原力系中的各分力对简化中心力矩的代数和，其大小和方向与简化中心的选取有关。

（3）简化结果的讨论

① $F_R' \neq 0$，$M_O \neq 0$

根据力的平移定理逆过程，可以把 F_R' 和 M_O 合成为一个合力 F_R，合成过程如图 2-25 所示，合力 F_R 的作用线到简化中心的距离为

$$d = \left| \frac{M_O}{F_R} \right| = \left| \frac{M_O}{F_R'} \right| \qquad (2\text{-}18)$$

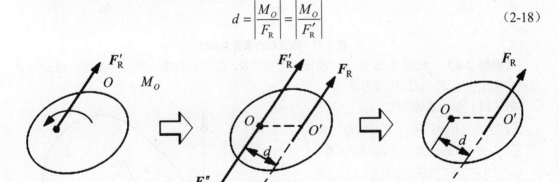

(a)	(b)	(c)

图 2-25 平面任意力系简化结果之一

② $F_R' \neq 0$，$M_O = 0$

主矢 F_R' 就是原力系的合力 F_R，其作用线通过简化中心。

③ $F_R = 0$，$M_O \neq 0$

力系为一平面力偶，在这种情况下，主矩的大小与简化中心的选择无关。

④ $F_R' = 0$，$M_O = 0$

在这种情况下，力系处于平衡状态。

（4）固定端约束的分析

现在利用力系向一点简化的方法，来分析固定端支座的约束反力。

固定端约束常见于工程实际中，例如，三爪卡盘对其支持工件的约束，车床刀架对车刀的约束，房屋阳台所受的约束，如图 2-26 所示。

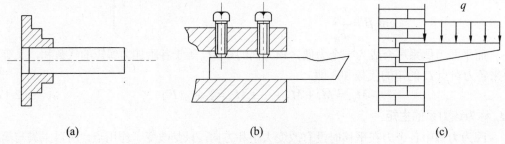

(a)　　　　　　　　　(b)　　　　　　　　　(c)

图 2-26　平面固定端约束实例

固定端约束的受力简图如图 2-27(a)所示，这种约束不允许被约束的物体有任何的运动，当主动力为平面任意力系时，固定端的受力比较复杂，如图 2-27(b)所示。应用平面任意力系的简化理论，将它们向固定端 A 点简化，得到一个力和一个力偶。这个力可用一对互相垂直的分力 F_{Ax}、F_{Ay}、来代替，力偶可用 M_A 来表示，分别称为约束反力和约束反力偶，如图 2-27(c) 所示。

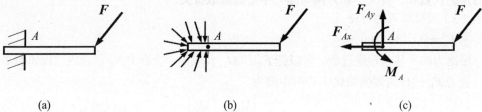

(a)　　　　　　　　　(b)　　　　　　　　　(c)

图 2-27　固定端约束受力分析

【例题 2-8】　如图 2-28 所示，刚体平面 A、B、C 三点构成一等边三角形，边长为 a，三点分别作用力 F，试简化该力系。

解：（1）求力系的主矢：

$$\sum F_x = F - F\cos 60^\circ - F\cos 60^\circ = 0$$

$$\sum F_y = 0 + F\sin 60^\circ - F\sin 60^\circ = 0$$

$$F_R' = \sqrt{(\sum F_x)^2 + (\sum F_y)^2} = 0$$

（2）选 A 点为简化中心，求力系的主矩：

$$M_A = \sum M_A(F) = (F\sin 60^\circ)\bullet a = \frac{\sqrt{3}}{2}Fa$$

简化结果表明该力系是一平面力偶系。

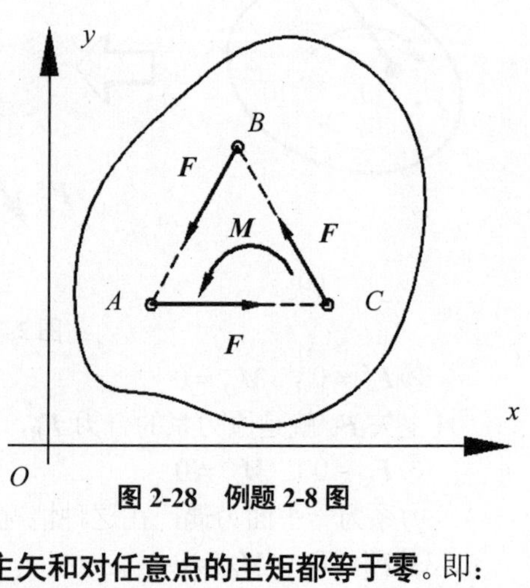

2.4.2　平面任意力系的平衡条件与平衡方程

图 2-28　例题 2-8 图

（1）平面任意力系平衡的充要条件

平面任意力系平衡的充要条件是：**平面任意力系的主矢和对任意点的主矩都等于零**。即：

$$\begin{cases} \sum \boldsymbol{F}_\text{R}' = 0 \\ \sum M_O(\boldsymbol{F}) = 0 \end{cases} \tag{2-19}$$

证明：(从略)

（2）平面任意力系的平衡方程的形式

①平衡方程的基本形式

将平衡的充要条件代入式（2-16）和式（2-17），则可得

$$\begin{cases} \sum F_x = 0 \\ \sum F_y = 0 \\ \sum M_O(\boldsymbol{F}) = 0 \end{cases} \tag{2-20}$$

即平面任意力系平衡的解析条件是：**所有各力在两个任选的坐标轴上的投影的代数和分别等于零，以及各力对于任意一点的矩的代数和也等于零**。式（2-20）称为平面任意力系的平衡方程。（此处为简便，下标 i 已略去）

②二力矩式

$$\begin{cases} \sum F_x = 0 \\ \sum M_A(\boldsymbol{F}) = 0 \\ \sum M_B(\boldsymbol{F}) = 0 \end{cases} \tag{2-21}$$

应用此式时，**须注意 A、B 两点的连线不能与投影轴 x 垂直**。

③三力矩式

$$\begin{cases} \sum M_A(\boldsymbol{F}) = 0 \\ \sum M_B(\boldsymbol{F}) = 0 \\ \sum M_C(\boldsymbol{F}) = 0 \end{cases} \tag{2-22}$$

应用此式时，**须注意 A、B、C 三点不在同一条直线上**。

说明：①三组平衡方程，每一组都是平面任意力系平衡的**充分必要**条件，选用不同形式的平衡方程，有助于简化静力学的求解计算过程。但每一组都只有三个独立的平衡方程，因此，只能求解三个未知数。其他的平衡方程不再是独立的。

②求解平面任意力系的平衡问题时，可灵活地选取不同的平衡方程。应力求在一个方程中只包含一个未知数使求解过程简单。

③在计算中，通常用其他形式的平衡方程进行校核。

（3）平面任意力系平衡方程的解题步骤

①确定研究对象，画出受力图。应取含有已知力和未知力作用的物体作为研究对象，画出其受力分析图。

②列平衡方程并求解。适当选取坐标轴和矩心。若受力图上有两个未知力相互平行，可选垂直于此二力的坐标轴，列出投影方程。如不存在两未知力相互平行，则可选任意两未知力的交点为矩心列出力矩方程，先行求解。**一般水平和垂直的坐标轴可以不画，但倾斜的则必须画出**。

【例题 2-9】　图 2-29(a)所示为外伸梁的平面力学简图。已知梁长为 $3a$，作用均布载荷

q，作用力 $F = qa$ 和力偶 $M_O = qa^2$，求梁 AB 的约束力。

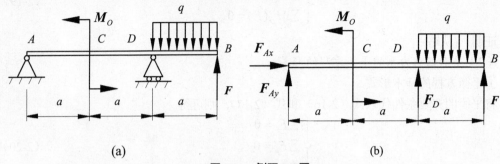

(a)   (b)

图 2-29   例题 2-9 图

解：（1）取 AB 为研究对象,画受力图，如图 2-29(b)所示。

（2）建立坐标系（默认的，不画），列平衡方程：

$$\sum M_A(\boldsymbol{F}) = 0, \quad F_D \cdot 2a + M_O + F \cdot 3a - qa \cdot \frac{5a}{2} = 0 \qquad 解得：F_D = -\frac{3qa}{4}$$

$$\sum F_x = 0, \quad F_{Ax} = 0$$
$$\sum F_y = 0, \quad F_{Ay} + F_D + F - qa = 0$$

解得：$F_{Ay} = -(-\frac{3qa}{4}) + qa - qa = \frac{3qa}{4}$

【例题 2-10】   图 2-30(a)所示为悬臂梁的平面力学简图。已知梁长为 $2l$，作用均布载荷 q，作用集中力 $F = ql$ 和力偶 $M_O = ql^2$，求固定端的约束力。

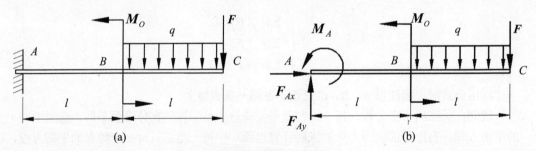

(a)   (b)

图 2-30   例题 2-10 图

解：（1）取 AC 为研究对象画受力图，如图 2-30(b)所示。

（2）建立坐标系，列平衡方程：

$$\sum M_A(\boldsymbol{F}) = 0, \quad M_A - F \cdot 2l - ql \cdot \frac{3l}{2} + M_O = 0 \quad 解得：M_A = \frac{5ql^2}{2}$$

$$\sum F_x = 0, \quad F_{Ax} = 0$$
$$\sum F_y = 0, \quad F_{Ay} - F - ql = 0 \qquad\qquad 解得：F_{Ay} = F + ql = 2ql$$

2.5   平面平行力系

各力的作用线在同一个平面内且都互相平行的力系。它是平面任意力系的一种特殊情况。例如桥式起重机、桥梁等结构上所受的力系，常可以简化为平面平行力系。

2.5.1　平面平行力系的合成

设各力的作用线与 y 轴平行，如图 2-31 所示 ， 则 有 $\sum F_x = 0$ ， 合 力 的 大 小 为 $R = \sum F_y = \sum F$ ， 由 合 力 矩 定 理 可 得 $RH = \sum M_O(\boldsymbol{F})$，则其合力作用线位置为

$$H = \frac{\sum M_O(\boldsymbol{F})}{R} = \frac{\sum M_O(\boldsymbol{F})}{\sum F} \qquad (2\text{-}23)$$

【例题 2-11】　如图 2-32 所示，在杆件 AB 上作用着线性分布载荷，求合力。

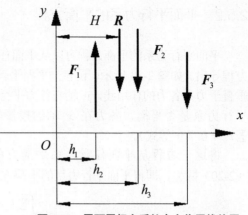

图 2-31　平面平行力系的合力作用线位置

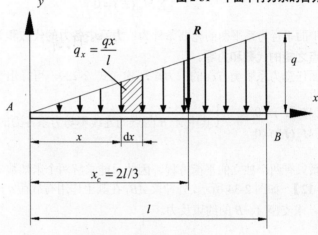

图 2-32　例题 2-11 图

解：（1）求合力的大小：

$$R_x = \sum F_x = 0$$

$$R_y = \sum F_y = \int_0^l q_x \mathrm{d}x = \int_0^l \frac{qx}{l} \mathrm{d}x = \frac{ql}{2}$$

所以，合力大小　$R = \dfrac{ql}{2}$。

（2）求合力作用线的位置：

分布载荷对 A 点的矩为

$$\sum M_A(\boldsymbol{F}) = \sum x q_x \mathrm{d}x = \int_0^l \frac{qx^2}{l} \mathrm{d}x = \frac{ql^2}{3}$$

由合力矩定理，有 $M_A(\boldsymbol{R}) = \dfrac{ql}{2} \cdot x_c = \sum M_A(\boldsymbol{F})$，可得：$x_c = \dfrac{2l}{3}$。

结论：**合力大小为分布力所在的图形面积，作用线通过图形形心。**

2.5.2 平面平行力系的平衡方程

平面平行力系的平衡方程可以从平面任意力系的平衡方程导出。如图 2-33 所示，设有一平面平行力系，取 x 轴垂直于力系各力的作用线，y 轴与各力平行，则不论平面平行力系是否平衡，各力在 x 轴的投影等于零，即：$\sum F_x = 0$（恒等式）。

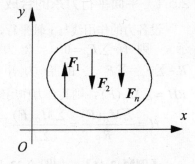

图 2-33 平面平行力系

将这一方程从平面任意力系平衡方程的基本形式（2-20）除去，即得平面平行力系的平衡方程为

$$\begin{cases} \sum F_y = 0 \\ \sum M_O(\boldsymbol{F}) = 0 \end{cases} \tag{2-24}$$

这样，平面平行力系平衡的充要条件为：**力系中各力的代数和为零，且各力对力系所在平面内任一点之矩的代数和为零。**

根据平面任意力系平衡方程的三力矩形式（式 2-22），可导出平面平行力系的二力矩形式平衡方程为

$$\begin{cases} \sum M_A(\boldsymbol{F}) = 0 \\ \sum M_B(\boldsymbol{F}) = 0 \end{cases} \quad （其中 A、B 两点的连线不与力系各力的作用线平行） \tag{2-25}$$

平面平行力系只有两个独立的平衡方程，因此只能求解两个未知数。

【**例题 2-12**】 如图 2-34 所示，外伸梁 AB，在其上作用有载荷 $q = 10 \text{ kN/m}$，$F_1 = 40 \text{ kN}$，$F_2 = 20 \text{ kN}$，求支座 A、B 的约束反力。

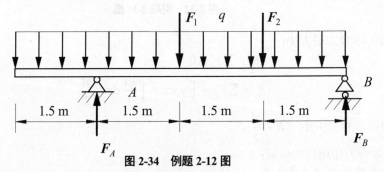

图 2-34 例题 2-12 图

解：取梁 AB 为研究对象，受力分析如图 2-34 所示。

列平面平行力系的二力矩式平衡方程，求支反力。

$\sum M_A(\boldsymbol{F}) = 0,\qquad F_B \times 4.5 - F_1 \times 1.5 - F_2 \times 3 - q \times 6 \times 1.5 = 0$

$\sum M_B(\boldsymbol{F}) = 0,\qquad -F_A \times 4.5 + F_1 \times 3 + F_2 \times 1.5 + q \times 6 \times 3 = 0$

代入数值，可解得：$F_A = 73.3 \text{ kN}$，$F_B = 46.7 \text{ kN}$。

2.6 静定与静不定问题及刚体系统的平衡

2.6.1 静定与静不定问题的概念

刚体平衡时，若未知约束反力的个数不超过独立平衡方程个数，这样，所有的未知约束反力可通过静力学平衡方程求得，这类问题称为**静定**问题。

在工程实际中，为了提高结构或构件的可靠性，经常采用增加约束的方法，这样的情况下，有可能未知约束反力个数超过了独立平衡方程个数，仅用静力学平衡方程不可能求出所有未知约束反力，这类问题称为**静不定（超静定）**问题；此时，未知约束反力个数减去平衡方程个数得到的数目，称为几次静不定（或超静定）。

求解力学问题，首先要判断研究的问题是静定的还是静不定的问题。如图 2-35 所示的各种结构都是静不定的问题。

值得指出的是，所谓静不定问题，并非真的"不定"，只是由于我们把物体看成刚体了，才成为不定。实际上，如果考虑到物体变形所应满足的条件，所有的约束力作为被动力都是确定的，但这已经超出了静力学研究的范畴，须在材料力学和结构力学中研究。静力学中的平衡问题都是静定问题。

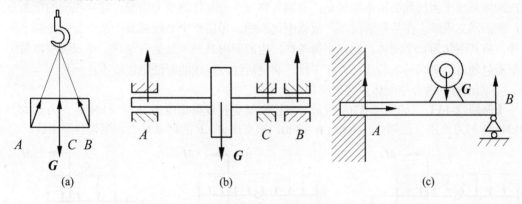

(a)　　　　　　　　　　　(b)　　　　　　　　　　　(c)

图 2-35 静不定问题

2.6.2 刚体系统的平衡

（1）刚化原理

变形体在已知力系作用下处于平衡，此时若将变形后的变形体看成刚体（即**刚化**），则**平衡状态不变**，称为**刚化原理**。反之，则不一定成立，即**刚体的平衡条件是变形体平衡的必要条件，而不是充分条件**，如图 2-36 所示。刚化原理是由实践归纳出来的力学基本原理。

根据这种关系，就可以应用刚体平衡条件来求解已经处于平衡的变形体问题，从而扩大刚体平衡条件的应用范围。

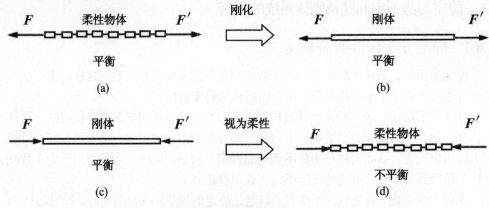

图 2-36　刚化原理解析

（2）刚体系统的平衡

本章前面分析了单个刚体（或只需刚化为一个刚体）的平衡问题，但在工程实际中经常要研究由几个刚体组成的系统平衡问题。

当刚体系统处于平衡状态时，则意味着组成该系统的每一个刚体都处于平衡状态。因此，解决刚体系统平衡问题的基本途径是：分别考察每一个刚体的受力情况，建立相应的平衡方程，然后联立求解。在某些情况下，根据刚化原理，考察整个系统或其中某个分系统的平衡条件，将其刚化为一个刚体，建立平衡条件，也能解出某些未知量。这样，在求解刚体系统的平衡问题时，研究对象的选择存在多样性和灵活性，问题的解法也往往不止一种。

下面通过例题介绍刚体系统平衡问题的求解。

【例题 2-13】　如图 2-37(a)所示，三铰刚架受到载荷集度为 $q = 8\,\text{kN/m}$，力偶 $M = 60\,\text{kN}\cdot\text{m}$ 的力作用。已知：$l = 6\,\text{m}$，$h = 8\,\text{m}$，求支座 A、B 的约束反力。刚架自重不计。

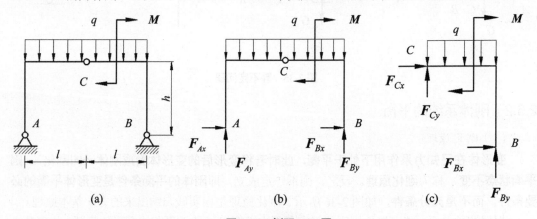

图 2-37　例题 2-13 图

解：（1）以整体为研究对象，受力分析如图 2-37(b)所示，列平衡方程：

$$\sum M_A(\boldsymbol{F}) = 0, \qquad F_{By} \cdot 2l - q \cdot 2l \cdot l - M = 0 \qquad 解得：F_{By} = 53\,\text{kN}$$

$$\sum F_y = 0, \qquad F_{Ay} + F_{By} - q \cdot 2l = 0 \qquad 解得：F_{Ay} = 43\,\text{kN}$$

$$\sum F_x = 0, \qquad F_{Ax} + F_{Bx} = 0$$

（2）选刚架 BC 部分为研究对象，受力分析如图 2-37(c)所示，列平衡方程

$$\sum M_C(\boldsymbol{F}) = 0 , \qquad F_{Bx} \bullet h + F_{By} \bullet l - q \bullet l \bullet \frac{l}{2} - M = 0 \qquad 解得：F_{Bx} = -14.25 \text{ kN}$$

将求得的结果代入上面第三式可得：$F_{Ax} = 14.25 \text{ kN}$

总结：**求解刚体系统平衡问题时，要灵活选择研究对象的次序，使方程中未知量的个数尽量少，最好一个方程只有一个未知量，以便直接解出其中未知量。**

【**例题 2-14**】　如图 2-38(a)所示，构架中各构件自重不计，P, l, r 视为已知，求固定端 A 的约束反力。

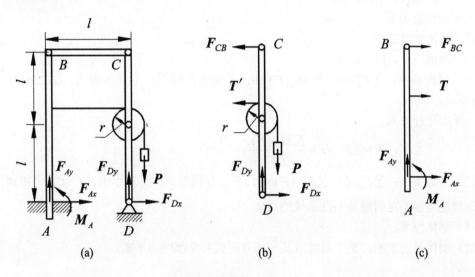

图 2-38　例题 2-14 图

解：（1）取杆 CD 及滑轮为研究对象，受力分析如图 2-38(b)所示，其中 $T' = P$，列平衡方程

$$\sum M_D(\boldsymbol{F}) = 0, \quad F_{CB} \bullet 2l + T' \bullet (l+r) - Pr = 0 \qquad 解得：F_{CB} = -\frac{P}{2}$$

（2）取杆 AB 为研究对象，受力分析如图 2-38(c)所示，其中 $T = T' = P$，列平衡方程

$$\sum F_x = 0, \qquad F_{Ax} + F_{BC} + T = 0$$

由于杆 BC 为二力杆，可知 $F_{BC} = F_{CB}$，代入上式，解得：$F_{Ax} = -\frac{P}{2}$

$$\sum F_y = 0, 可得 \ F_{Ay} = 0$$

$$\sum M_A(\boldsymbol{F}) = 0, \ M_A - T \bullet (l+r) - F_{BC} \bullet 2l = 0$$

解得：$M_A = Pr$

本章小结

1. 平面力系的基本概念

（1）力的投影。

（2）力矩：作用力大小与该点到力的作用线的距离的乘积 $M = F \bullet d$。

（3）力偶：作用在同一物体上，两个大小相等、方向相反、作用线平行但不在同一直线的两个力组成的力系。

2．平面汇交力系

（1）合成方法：①几何法（合力投影定理）；②解析法。

（2）平衡条件：①几何条件是力多边形自行封闭；②解析条件是 $\sum F_x=0$，$\sum F_y=0$。

3．平面力偶系

（1）合成方法：合力偶的矩等于其各分力偶矩的代数和，正值表明力偶转向为逆时针。

（2）平衡条件：$\sum M_i =0$。

4．平面任意力系

（1）力的平移定理。

（2）合成结果：四种结果。

（3）平衡条件：$\sum F'_R=0$，$\sum M_O(F) =0$；平衡方程形式：①基本形式；②二力矩式；③三力矩式。

5．平面平行力系

（1）合成方法：$R = \sum F$，$H = \dfrac{\sum M_O(F)}{\sum F}$。

（2）平衡条件：$\sum F_y=0$，$\sum M_O(F)=0$。平衡方程形式：①基本形式；②二力矩式。

6．静定与静不定问题及刚性系统的平衡

（1）刚化原理。

（2）刚体系平衡：整个系统或某一部分研究对象都应该平衡。

第3章 空间力系

力系中各力的作用线不在同一平面内，称为空间力系。它的分类在第一章已经说明过，在此不再赘述。如图 3-1 所示的曲轴所受的力就构成了一个空间力系。船舶上的起重机、绞缆机等设备都采用空间结构，在设计这些结构时，需要用空间力系的平衡条件进行计算。

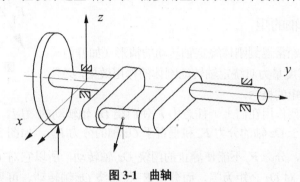

图 3-1　曲轴

3.1 空间力系的基本概念

3.1.1 力在直角坐标轴上的投影

若已知力 F 与正交坐标系 $Oxyz$ 三轴间的夹角为 α、β、γ，如图 3-2 所示，则力在直角坐标轴上的投影分别为

$$\begin{cases} F_x = F\cos \alpha \\ F_y = F\cos \beta \\ F_z = F\cos \gamma \end{cases} \qquad (3\text{-}1)$$

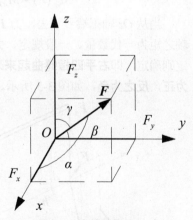

图 3-2　直接投影法

若力 F 与坐标轴 Ox，Oy 夹角不好确定时，可先把力 F 投影到坐标平面 Oxy（需要已知它们的夹角）上，得到 F_{xy}，然后再把它投影到 Ox，Oy 轴上，如图 3-3 所示，这种方法称为**间接投影法（或二次投影法）**。

$$\begin{cases} F_x = F\sin \gamma \cos \varphi \\ F_y = F\sin \gamma \sin \varphi \\ F_z = F\cos \gamma \end{cases} \qquad （3\text{-}2）$$

若已知力 $\boldsymbol{F}$ 在坐标轴上的投影 F_x，F_y，F_z，则该力的大小和方向余弦为

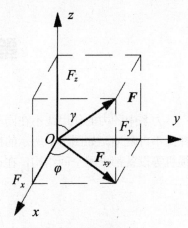

$$\begin{cases} F = \sqrt{F_x^2 + F_y^2 + F_z^2} \\ \cos\alpha = \dfrac{F_x}{F} \\ \cos\beta = \dfrac{F_y}{F} \\ \cos\gamma = \dfrac{F_z}{F} \end{cases} \qquad (3\text{-}3)$$

图 3-3　间接投影法

3.1.2　力对轴的矩

工程中，经常遇到刚体绕定轴转动的情形（如开门、关窗等），为了度量力对绕定轴转动刚体的作用效果，必须了解力对轴的矩的概念。

下面来考察作用在门上一任意力 $\boldsymbol{F}$ 使门绕 Oz 轴转动的效应。为此，将力 $\boldsymbol{F}$ 分解为两个分力：即平行于 Oz 轴的分力 $\boldsymbol{F}_z$ 和垂直于 Oz 轴的分力 $\boldsymbol{F}_{xy}$，如图 3-4 所示。

由经验知，分力 $\boldsymbol{F}_z$ 不能使静止的门绕 Oz 轴转动，所以它对 Oz 轴转动的效应为零，也就是说，力 $\boldsymbol{F}_z$ 对 Oz 之矩为零，而分力 $\boldsymbol{F}_{xy}$ 使门绕 Oz 轴转动。可见，力 $\boldsymbol{F}$ 对 Oz 轴之矩取决于分力 $\boldsymbol{F}_{xy}$ 对 O 点之矩。由此，我们得到力对轴之矩的定义：**力对轴之矩是力使刚体绕此轴转动效应的度量，它等于力在垂直于轴的任一平面上的分力 $\boldsymbol{F}_{xy}$ 对该轴与平面交点 O 之矩**，即

$$M_z(\boldsymbol{F}) = M_O(\boldsymbol{F}_{xy}) = \pm F_{xy} \cdot h = \pm 2S_{\triangle OAB} \qquad (3\text{-}4)$$

当从 Oz 轴正端看下去，力 $\boldsymbol{F}$ 只能使门绕 Oz 轴逆时针或顺时针方向转动，故力 $\boldsymbol{F}$ 对 Oz 轴之矩为一代数量。一般规定，**力对轴之矩以逆时针转动为正，反之为负**；也可用右手螺旋定则确定，即**右手四指蜷曲起来表示转向，伸直的大拇指的指向与 Oz 轴的正向一致，力矩为正，反之为负**，如图 3-5 所示。这两种方法其实是一致的。

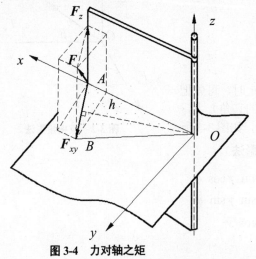

图 3-4　力对轴之矩

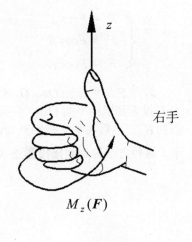

图 3-5　右手螺旋定则

与平面力系情况相似，空间力系也有合力矩定理。设有一空间力系 F_1，F_2，$\cdots F_n$，其合力为 F_R，经研究可知，**合力对某轴（如 z 轴）的矩等于其各分力对该轴的矩的代数和**，即

$$\sum M_z(F_R) = M_z(F_1) + M_z(F_2) + \cdots + M_z(F_n) = M_z(F) \tag{3-5}$$

这就是**空间力系的合力矩定理**。证明从略。

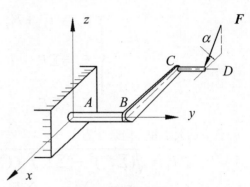

【例题 3-1】　如图 3-6 所示，手摇曲柄上作用有力 F，位于平行于 xz 平面的平面内，已知 $F = 100$ N，$\alpha = 45^\circ$，$\overline{AB} = 20$ cm，$\overline{BC} = 40$ cm，$\overline{CD} = 15$ cm，A、B、C、D 处在同一水平面上，试求力 F 对 x、y、z 轴之矩。

解：依题意，力 F 在 x 和 z 轴上投影为

$$F_x = F\cos\alpha \qquad F_z = -F\sin\alpha$$

计算 F 对 x、y、z 各轴的力矩是

图 3-6　例题 3-1 图

$$M_x(F) = -F_z(\overline{AB} + \overline{CD}) = -100\sin45^\circ \times (0.2 + 0.15) = -24.75 \text{ N} \cdot \text{m}$$

$$M_y(F) = -F_z \cdot \overline{BC} = -100\sin45^\circ \times 0.4 = -28.28 \text{ N} \cdot \text{m}$$

$$M_z(F) = -F_x(\overline{AB} + \overline{CD}) = -100\cos45^\circ \times (0.2 + 0.15) = -24.75 \text{ N} \cdot \text{m}$$

3.2　空间汇交力系

所谓空间汇交力系，即力的作用线不在同一平面内，但所有力的作用线或其延长线汇交于一点。如图 3-7 所示。

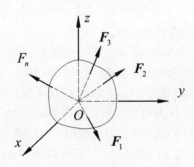

图 3-7　空间汇交力系示意图及其投影

3.2.1　空间汇交力系的合成

求空间汇交力系合力的方法与求平面汇交力系的合力相同，有两种方法，即几何法和解析法。设在某物体的 A 点作用有一空间汇交力系 F_1，F_2，$\cdots$，F_n。其合力的矢量表达式为

$$F_R = F_1 + F_2 + \cdots + F_n = \sum F_i \tag{3-6}$$

（1）空间汇交力系合成的几何法

空间汇交力系合力的大小和方向可以用力多边形法则求出，合力的作用线通过汇交点。但其力多边形的各边不在同一平面内，它是一空间多边形，这是与平面汇交力系不同的。因

此，用几何法求合力并不方便。在实际解题时，一般采用解析法。

（2）空间汇交力系合成的解析法

如图 3-7 所示，将式（3-6）向 x，y，z 三个直角坐标轴投影，得

$$\begin{cases} F_{Rx} = F_{1x} + F_{2x} + \cdots + F_{nx} = \sum F_{ix} \\ F_{Ry} = \sum F_{iy} \\ F_{Rz} = \sum F_{iz} \end{cases} \tag{3-7}$$

合力的大小和方向余弦为

$$\begin{cases} F_R = \sqrt{\left(\sum F_x\right)^2 + \left(\sum F_y\right)^2 + \left(\sum F_z\right)^2} \\ \cos\alpha = \dfrac{\sum F_x}{F_R}, \quad \cos\beta = \dfrac{\sum F_y}{F_R}, \quad \cos\gamma = \dfrac{\sum F_z}{F_R} \end{cases} \tag{3-8}$$

α, β, γ 是合力和三个直角坐标轴 x，y，z 的夹角。当然合力也可以表示为

$$F_R = F_{Rx}i + F_{Ry}j + F_{Rz}k \tag{3-9}$$

3.2.2 空间汇交力系的平衡条件及平衡方程

因为空间汇交力系可以合成为一个合力，所以**空间汇交力系平衡的必要和充分条件为力系的合力等于零**，即

$$F_R = \sum F = 0 \tag{3-10}$$

由式（3-8）可知

$$\sum F_x = 0, \quad \sum F_y = 0, \quad \sum F_z = 0 \tag{3-11}$$

上式称为空间汇交力系的平衡方程。

【例题 3-2】 如图 3-8(a)所示，有一空间支架固定在相互垂直的墙上。支架由垂直于两墙的铰接杆 AD、BD 和钢绳 CD 组成。已知 $\theta = 30°$，$\varphi = 60°$，D 点吊一重物 $G = 10$ kN。试求两杆和钢绳所受的力。图中 O、A、B、D 四点都在同一水平面上，杆和绳的自重不计。

解：（1）选取节点 D 为研究对象，受力如图 3-8(b)所示。

（2）这是一个空间汇交力系，根据汇交力系平衡条件，列出平衡方程：

$$\sum F_x = 0, \qquad F_B - F\cos\theta\sin\varphi = 0$$
$$\sum F_y = 0, \qquad F_A - F\cos\theta\cos\varphi = 0$$
$$\sum F_z = 0, \qquad F\sin\theta - G = 0$$

解方程得：$F = \dfrac{G}{\sin\theta} = 20$ kN，

$$F_A = F\cos\theta\cos\varphi = 8.66 \text{ kN}，$$
$$F_B = F\cos\theta\sin\varphi = 15 \text{ kN}。$$

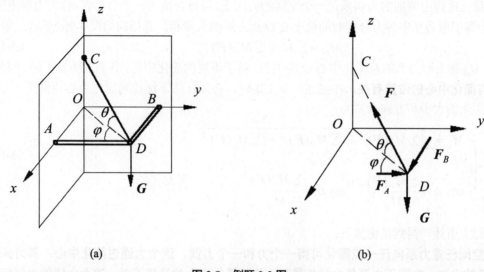

(a)　　　　　　　　　　　　　　(b)

图 3-8　例题 3-2 图

3.3　空间任意力系

所谓空间任意力系,即力的作用线不在同一平面内，且不汇交于一点也不平行的力系。

3.3.1　空间任意力系的简化

设空间任意力系 $F_1, F_2, \cdots, F_n$ 作用在刚体上的 A，B，$\cdots$，n 各点，如图 3-9(a)所示，刚体没有画出。利用力的平移定理，将力系中各力逐一向指定点 O（称为**简化中心**）平移，得到一个空间汇交力系 $F_1', F_2', \cdots, F_n'$ 和一个附加的空间力偶系 $M_1, M_2, \cdots, M_n$，如图 3-9(b)所示。

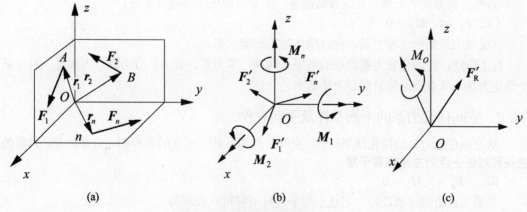

(a)　　　　　　　　　(b)　　　　　　　　　(c)

图 3-9　空间任意力系的简化

汇交力系可合成一个合力，它等于原力系中各力的矢量和，但和原力系不同在于作用点是在 O 点，故此时合力 F_R' 称为原力系的主矢，如图 3-9(c)所示，即

$$F_R' = \sum F_i \tag{3-12}$$

当用解析式表示时，主矢的大小和方向余弦可以参照式（3-8）表示。由式（3-12）看出，不论选何点为简化中心，主矢的大小和方向都不变。因此**主矢与简化中心无关**。

简化过程中附加的力偶系是一个空间的力偶系，可以合成为一个合力偶，称为力偶矩矢，其大小等于原力系中各力分别对简化中心 O 点之矩的矢量和，其指向如图 3-9(c)所示，即

$$\boldsymbol{M}_O = \sum \boldsymbol{M}_i = \sum \boldsymbol{M}_O(\boldsymbol{F}) \qquad (3-13)$$

$\boldsymbol{M}_O$ 称为原力系的对简化中心 O 的主矩。对于不同的简化中心，各力的力臂不同，因此，**主矩与简化中心的位置有关**。在描述一个主矩时，必须标注下标说明简化中心的位置。

主矩的大小和方向余弦为

$$\begin{cases} M_o = \sqrt{\left[\sum M_x(\boldsymbol{F})\right]^2 + \left[\sum M_y(\boldsymbol{F})\right]^2 + \left[\sum M_z(\boldsymbol{F})\right]^2} \\[3mm] \cos \alpha = \dfrac{\sum M_x(\boldsymbol{F})}{M_O}, \quad \cos \beta = \dfrac{\sum M_y(\boldsymbol{F})}{M_O}, \quad \cos \gamma = \dfrac{\sum M_z(\boldsymbol{F})}{M_O} \end{cases} \qquad (3-14)$$

综上所述，得到结论如下：

空间任意力系向任一点简化可得一个力和一个力偶，这个力通过简化中心，其力矢称为力系的主矢，它等于力系各力的矢量和，并与简化中心的选择无关；这个力偶的力偶矩矢称为力系对简化中心的主矩，它等于力系各力对简化中心之矩矢的矢量和，并与简化中心选择有关。

空间任意力系向一点简化后，可能出现以下四种结果：

（1）$\boldsymbol{F}_R' \neq 0, \boldsymbol{M}_O \neq 0$

此时，根据主矢是否与主矩相垂直，力系有两种可能的合成结果：合力、力螺旋（对这种情况，本书不展开论证）；

（2）$\boldsymbol{F}_R' \neq 0, \boldsymbol{M}_O = 0$

力系合成为作用线通过简化中心的合力；

（3）$\boldsymbol{F}_R' = 0, \boldsymbol{M}_O \neq 0$

力系合成为一个力偶，在这种情况下，主矩与简化中心选择无关；

（4）$\boldsymbol{F}_R' = 0, \boldsymbol{M}_O = 0$

这说明力系是一个零力系，此时刚体处于平衡状态。

综上所述，空间任意力系合成的结果有四种：零力系、合力、合力偶、力螺旋。对于某个给定力系，其合成结果只能是上述其中之一。

3.3.2 空间任意力系的平衡条件及平衡方程

从空间任意力系的简化结果可知，空间任意力系处于平衡的必要和充分条件是：**力系的主矢和对任一点的主矩都等于零**。

即　　$\boldsymbol{F}_R' = 0, \boldsymbol{M}_O = 0$

当采用直角坐标系以后，上述平衡条件可用解析式表示为

$$\begin{cases} \sum F_x = 0, \quad \sum F_y = 0, \quad \sum F_z = 0 \\[3mm] \sum M_x = 0, \quad \sum M_y = 0, \quad \sum M_z = 0 \end{cases} \qquad (3-15)$$

上式称为空间力系的平衡方程，它表明：**空间力系平衡的必要和充分条件是力系中各力在直角坐标轴 $Oxyz$ 的各坐标轴上投影的代数和以及对各轴之矩的代数和分别等于零。**

　　研究一个刚体的平衡问题时，由于空间力系只有 6 个独立的平衡方程，因此，只能求 6 个未知数，若未知数数目超过 6 个，就不能用这组平衡方程求解，这类问题称为超静定问题。

　　【例题 3-3】　如图 3-10 所示传动机构，已知皮带张力 $F_1 = 536\ \text{N}$，$F_2 = 64\ \text{N}$，圆柱齿轮 A 的节圆半径 $d_1 = 94.5\ \text{mm}$，压力角 $\alpha = 20°$，皮带轮 C 的直径 $d_2 = 320\ \text{mm}$，其所受的皮带拉力与竖直面夹角 $\beta = 18°$，$a = 120\ \text{mm}$，$b = 530\ \text{mm}$，$c = 90\ \text{mm}$，此传动装置处于平衡状态，求：（1）齿轮 A 所受的力 $\boldsymbol{P}$；（2）轴承 B、D 处的约束反力。

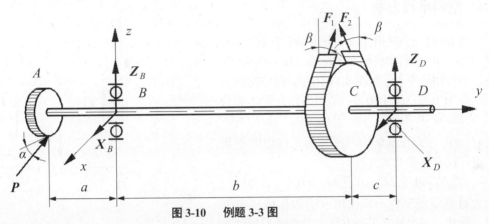

图 3-10　　例题 3-3 图

　　解：取整体为研究对象，受力分析如图 3-10 所示。

　　这是一个空间力系，建立坐标轴如图 3-10 所示。列平衡方程如下：

$$\sum M_y = 0\ ,\quad (P\cos 20°)\cdot\frac{d_1}{2} - F_1\cdot\frac{d_2}{2} + F_2\cdot\frac{d_2}{2} = 0$$

$$P\cos 20°\times\frac{0.0945}{2} - (536 - 64)\times 0.16 = 0$$

　　　　解得：$P = 1700.88\ \text{N}$

$$\sum M_x = 0\ ,\quad -(P\sin 20°)\cdot a + (F_1 + F_2)\cos 18°\cdot b + Z_D\cdot(b+c) = 0$$

$$-1700.88\sin 20°\times 0.12 + (536 + 64)\cos 18°\times 0.53 + Z_D\times 0.62 = 0$$

　　　　解得：$Z_D = -375.20\ \text{N}$

$$\sum Z = 0\ ,\quad Z_B + Z_D + P\sin 20° + (F_1 + F_2)\times\cos 18° = 0$$

$$Z_B - 375.20 + 1700.88\sin 20° + (536 + 64)\cos 18° = 0$$

　　　　解得：$Z_B = -777.17\ \text{N}$

$$\sum M_z = 0\quad -(P\cos 20°)\cdot a + (F_1 - F_2)\sin 18°\cdot b - X_D\cdot(b+c) = 0$$

$$-1700.88\times\cos 20°\times 0.12 + (536 - 64)\sin 18°\times 0.53 - 0.62X_D = 0$$

　　　　解得：$X_D = -184.67\ \text{N}$

$$\sum X = 0\quad X_B + X_D - P\cos 20° - (F_1 - F_2)\sin 18° = 0$$

$$X_B - 184.67 - 1700.88\cos 20° - (536 - 64)\sin 18° = 0$$

　　　　解得：$X_B = 1928.83\ \text{N}$

求出反力的数值是负号的，表明其方向与图中所示方向相反。

　　总结：求解空间任意力系的平衡问题，其步骤和求解其他力系平衡问题一样：首先必须确定研究对象，进行受力分析，画出受力图；其次建立坐标系，然后列出平衡方程；最后解出未知量。但这里也有技巧，**方程组（3-15）虽是根据直角坐标系列出的，但实际应用时，并无必要使三个投影轴或力矩轴相互垂直，也无必要使力矩轴与投影轴重合，可以分别选取适当的投影轴或力矩轴，以简化平衡方程的求解。也可以在六个平衡方程中，列出三个以上力矩式，来代替部分或者全部投影式。**

3.4 空间平行力系

设刚体上作用有一个空间平行力系 $F_1, F_2, \cdots, F_n$，假如我们取坐标系 $Oxyz$ 的轴 Oz 与各力作用线平行，如图 3-11 所示，则空间任意力系作用下的六个平衡方程式（3-15）中，必有三个成为恒等式，即 $\sum F_x \equiv 0$，$\sum F_y \equiv 0$，$\sum M_z \equiv 0$，它们在求解空间平行力系问题时不起作用，仅有三个有效方程：

$$\sum F_z = 0, \sum M_x = 0, \sum M_y = 0, \qquad (3\text{-}16)$$

上式就是空间平行力系作用下的刚体的平衡方程。显然，三个独立平衡方程可以求解不超过三个的未知量。

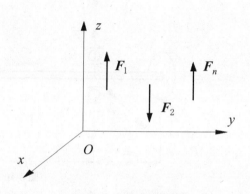

图 3-11　空间平行力系

【**例题 3-4**】　如图 3-12 所示，为了求得飞机重心 C 的位置，将飞机的三个轮子水平放置在地秤上称量，获得三个轮子的读数分别为 $F_A = 32$ kN，$F_B = 222$ kN，$F_D = 226$ kN，试计算飞机的重心坐标。（图中尺寸为 m）

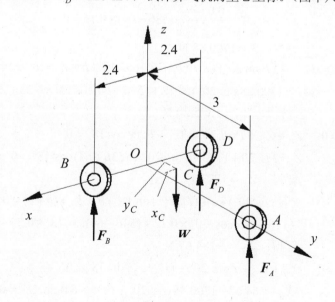

图 3-12　例题 3-4 图

解：以飞机为研究对象，受力分析如图 3-12 所示。由此可见，这是一个空间平行力系的平衡问题，列出平衡方程如下：

$$F_z = 0 ，\quad F_A + F_B + F_D - W = 0 \tag{1}$$

$$\sum M_y = 0 ，\quad -W \times x_C + F_D \times 2.4 - F_B \times 2.4 = 0 \tag{2}$$

$$\sum M_x = 0 ，\quad -W \times y_C + F_A \times 3 = 0 \tag{3}$$

由（1）式，得 $W = F_A + F_B + F_D = 32 + 222 + 226 = 480\ \text{kN}$

代入（2）、（3）两式，分别得：　$x_C = 0.02\ \text{m}$

$$y_C = 0.2\ \text{m}$$

故飞机的重心坐标为（0.02 m，0.2 m）。

3.5　重心和形心

3.5.1　重心和形心的概念

人们在日常生活与工程实际中，都会遇到重心问题。例如，船舶航行中的稳性与船舶重心有关，高速运行中的转轴，如果重心偏离轴线，就会产生强烈的振动，严重的就会造成事故；当然也可以利用重心偏离来制造混凝土振捣器、打夯机等。1953 年修建厦门高集海堤的时候，需要填入很多石块，为了提高效率，施工人员创造了一种很有效的工作方法，如图 3-13所示，就是将石块装入竹笼中，运到指定地点，砍断绳索，先将左边竹笼推下去，这样就会使船体失去平衡，重心偏移至右边，右侧三个竹笼就一起滚到海里，提高了效率。

由此可见，了解和掌握重心的知识，在工程上是很有用的。

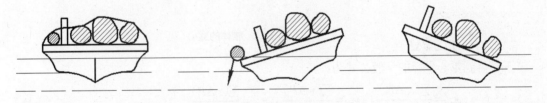

图 3-13　快速抛石法

在地球附近，物体的每一个微小部分都受到地球引力（即重力）的作用，这些微小重力的合力的大小，就是物体的重量，合力的作用点就是物体的**重心**。物体各微小部分所受到的地心引力，严格地说，是一个作用线汇交于地心附近的空间汇交力系，但由于物体的外形尺寸与地球相比实在非常微小，而且距地心又非常遥远。因此，将物体各微小部分所受到的重力看作是一个空间的平行力系是足够精确的。确定物体的重心位置，属于空间平行力系的合成问题。

如图 3-14 所示，设有一物体由许多小块组成，每一小块的重力为 ΔP_i（$i = 1, 2, \cdots$），体积为 ΔV_i，它们组成空间平行力系，其合力为 P，即为该物体的重量，大小为

$$P = \sum P_i \tag{3-17}$$

建立直角坐标系 $Oxyz$，使得 z 轴与重力方向平行。设每一小块重力作用点的坐标为（x_i, y_i, z_i），重心 C 的坐标为（x_C, y_C, z_C）。由合力矩定理，可得物体重力 P 对各坐标轴的矩等于各小块物体的重力 ΔP_i 对相应轴的矩的代数和。

对 x 轴取矩，则有　$-y_C \cdot P = -\sum(y_i \cdot \Delta P_i)$

对 y 轴取矩，则有　$x_C \cdot P = \sum(x_i \cdot \Delta P_i)$

我们知道，无论物体在重力场中如何摆放，亦即无论铅垂的重力作用线相对于物体取什么方位，重心在物体上的位置保持不变。利用这一特性，将各小块部分的重力 ΔP_i 按相同方向转过 $90°$，使它们都与 y 轴平行，如图 3-14 虚线所示（也可以理解为将物体与坐标轴固连一起绕 x 轴旋转 $90°$，使 y 轴铅垂向上），则合重力 P 的作用线仍通过重心 C。再对 x 轴应用合力矩定理，则有

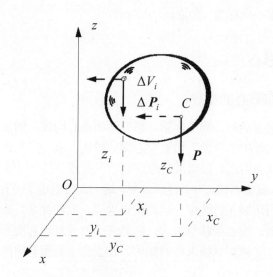

图 3-14　物体的重心

$$z_C \cdot P = \sum(z_i \cdot \Delta P_i)$$

于是得到重心坐标的一般公式为：

$$x_C = \frac{\sum(x_i \Delta P_i)}{P}, \quad y_C = \frac{\sum(y_i \Delta P_i)}{P}, \quad z_C = \frac{\sum(z_i \Delta P_i)}{P} \tag{3-18}$$

对于连续分布的物体和图形，式（3-18）可以用积分式表示：

$$x_C = \frac{\int_V \rho g x \mathrm{d}V}{\int_V \rho g \mathrm{d}V}, \quad y_C = \frac{\int_V \rho g y \mathrm{d}V}{\int_V \rho g \mathrm{d}V}, \quad z_C = \frac{\int_V \rho g z \mathrm{d}V}{\int_V \rho g \mathrm{d}V} \tag{3-19}$$

式中，ρ 为物体的密度，$\mathrm{d}V$ 为微元体积。

若物体为均质体，且其体积为 V，密度为 ρ，则 $P = \rho V$，$\Delta P_i = \rho \cdot \Delta V_i$，代入上式，并且消去 ρ，可得：

$$x_C = \frac{\sum(x_i \Delta V_i)}{V}, \quad y_C = \frac{\sum(y_i \Delta V_i)}{V}, \quad z_C = \frac{\sum(z_i \Delta V_i)}{V} \tag{3-20}$$

同样，对于连续分布的物体和图形，式（3-20）可以用积分式表示：

$$x_C = \frac{\int_V x \mathrm{d}V}{V}, \quad y_C = \frac{\int_V y \mathrm{d}V}{V}, \quad z_C = \frac{\int_V z \mathrm{d}V}{V} \tag{3-21}$$

这时，均质物体的重心位置完全取决于物体的几何形状，而与重量无关，可称为**体积重心**。由式（3-20）、（3-21）确定的几何点，称为物体的**形心**。均质物体的重心与其形心相重合；对于非均质物体，两者一般不重合。

如果物体不仅是均质的，而且是等厚平板，其面积为 A，则体积 $V=tA$（t 为板厚），代入式（3-20），则其形心坐标为：

$$x_C = \frac{\Sigma(x_i\Delta A_i)}{A}, \quad y_C = \frac{\Sigma(y_i\Delta A_i)}{A}, \quad z_C = \frac{\Sigma(z_i\Delta A_i)}{A} \tag{3-22}$$

同样，对于连续分布的物体和图形，式（3-22）可以用积分式表示：

$$x_C = \frac{\int_A x\mathrm{d}A}{A}, \quad y_C = \frac{\int_A y\mathrm{d}A}{A}, \quad z_C = \frac{\int_A z\mathrm{d}A}{A} \tag{3-23}$$

在工程中常需计算平面图形的形心。假如我们把坐标平面 Oxy 建立在板厚的中间层，则此时的形心坐标 $z_C = 0$，平面图形的形心坐标就是：

$$x_C = \frac{\Sigma(x_i\Delta A_i)}{A}, \quad y_C = \frac{\Sigma(y_i\Delta A_i)}{A} \tag{3-24}$$

平面图形的形心也可以理解为厚度趋向无限小的均质平板的重心，可称为**面积重心**。上式写成 $\Sigma(x_i\Delta A_i) = A \cdot x_C$，$\Sigma(y_i\Delta A_i) = A \cdot y_C$ 的形式，分别称为图形对 y 轴和 x 轴的**静矩**（或**面积矩**）。它表明：**图形对某轴的静矩等于该图形各组成部分对同轴静矩的代数和**。从上式可知，若 y 轴通过图形的形心，即 $x_C = 0$，则该图形对 y 轴的静矩为零。相反，若图形对 y 轴的静矩为零，必有 $x_C = 0$，即 y 轴通过图形的形心。由此可以得出如下结论：

（1）**若某轴通过图形的形心，则图形对该轴的静矩必为零。**

（2）**若图形对某轴的静矩为零，则该轴必通过图形的形心。**

对于连续分布的物体和图形，式（3-24）可以用积分式表示

$$x_C = \frac{1}{A}\int_A x\mathrm{d}A, \quad y_C = \frac{1}{A}\int_A y\mathrm{d}A \tag{3-25}$$

显然均质对称物体的重心或者对称图形的形心在其对称面、对称轴或对称中心上。

3.5.2 确定物体重心的方法

（1）简单几何形状物体的重心

如果均质物体有对称面，或对称轴，或对称中心，不难看出，该物体的重心相应地在这个对称面，或对称轴，或对称中心上，简单几何形状物体的重心可从工程手册上查到。

（2）用组合法求重心

①分割法

若一个物体由几个简单几何形状的物体组合而成，而这些物体的重心是已知的，那么整个物体的重心即可由上述的公式（3-18）或（3-20）或（3-22）或（3-24）求出。

【例题 3-5】 如图 3-15 所示，求 T 字形图形的形心位置，图中尺寸单位为 mm。

解：该图形有对称轴，取为 y 轴，建立坐标系如图 3-15 所示，则形心 C 必在 Oy 轴上，即 $x_C = 0$，只需求 y_C。采用组合法，认为图形由 Ⅰ、Ⅱ 两个矩形组成，它们的面积和形心如下：

$A_1 = 1600 \qquad\qquad y_{C1} = 130$

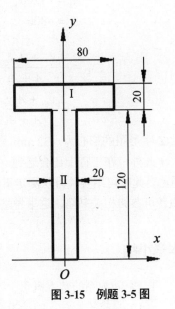

图 3-15 例题 3-5 图

$$A_2 = 2400 \qquad\qquad y_{C2} = 60$$

$$y_C = \frac{A_1 y_{C1} + A_2 y_{C2}}{A_1 + A_2} = \frac{1600 \times 130 + 2400 \times 60}{4000} = 88 \text{ mm}$$

故 T 字形图形的形心位置为（0，88 mm）。

②负面积法

若在物体或者薄板内切去一部分，这类物体的重心仍可应用与分割法相同的公式求得，只是切去部分的体积或者面积应取负值。

【**例题 3-6**】如图 3-16(a)所示，求 Z 字形图的形心位置，图中尺寸单位为 mm。

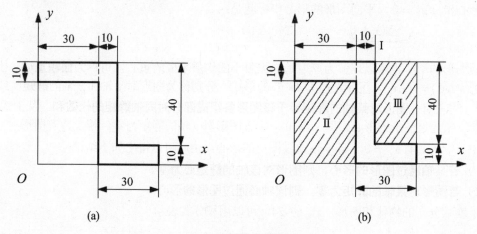

(a)   (b)

图 3-16　例题 3-6 图

解：采用负面积法计算，即认为 Z 字图形是由大的矩形 I 中切去两个小矩形 II、III 组成，如图 3-16(b)所示。建立坐标系如图所示。它们的面积和形心如下：

$$A_1 = 3000 \qquad\qquad x_{C1} = 30 \qquad\qquad y_{C1} = 25$$
$$A_2 = -1200 \qquad\qquad x_{C2} = 15 \qquad\qquad y_{C2} = 20$$
$$A_3 = -800 \qquad\qquad x_{C3} = 50 \qquad\qquad y_{C1} = 30$$

$$x_C = \frac{A_1 x_{C1} + A_2 x_{C2} + A_3 x_{C3}}{A_1 + A_2 + A_3} = \frac{3000 \times 30 - 1200 \times 15 - 800 \times 50}{3000 - 1200 - 800} = 32 \text{ mm}$$

$$y_C = \frac{A_1 y_{C1} + A_2 y_{C2} + A_3 y_{C3}}{A_1 + A_2 + A_3} = \frac{3000 \times 25 - 1200 \times 20 - 800 \times 30}{3000 - 1200 - 800} = 27 \text{ mm}$$

故 Z 字形图的形心为（32 mm，27 mm）。

此外，在工程中还会遇到一些外形复杂或质量分布不均匀的物体，很难用计算方法求其重心，此时可用实验方法测定重心位置。常用实验方法有两种，即（1）悬挂法；（2）称重法。读者可参阅相关书籍，这里省略了。

本章小结

1. 空间力系的基本概念

（1）直接投影法；间接投影法。

（2）力对轴的矩。

（3）合力矩定理（空间）。

2．空间汇交力系

（1）合成方法：①几何法（不常用）；②解析法。

（2）平衡方程：$\sum F_x=0$，$\sum F_y=0$，$\sum F_z=0$。

3．空间任意力系

（1）力的平移定理。

（2）合成结果：四种结果。

（3）平衡条件：$\boldsymbol{F}'_R = 0$，$\boldsymbol{M}_O = 0$。

平衡方程：$\sum F_x = 0$，$\sum F_y = 0$，$\sum F_z = 0$，$\sum M_x = 0$，$\sum M_y = 0$，$\sum M_z = 0$。

4．空间平行力系

（1）合成方法：平移合成。

（2）平衡方程：$\sum F_x = 0$，$\sum M_x = 0$，$\sum M_y = 0$（有效方程）。

5．重心与形心

（1）重心与形心的区别与联系。

（2）确定物体重心的方法：①如果是均质物体，有对称的轴或面，重心就在其上；②组合法求重心；③实验法。

第4章 轴向拉伸与压缩

4.1 材料力学的基本假设和基本概念

从本章开始我们将学习材料力学的有关知识，因此，本节首先介绍材料力学的研究对象、基本假设、基本概念和基本变形。

在前面静力学内容的学习中，假定了物体在受力状态下不会变形，即假设物体为刚体。但是，物体在力的作用下肯定是会产生变形的，如建筑结构、桥梁结构、机械装置等，它们的变形应该被控制在允许的范围内，否则，结构正常工作会受到影响。因此，在材料力学研究中，应该把结构中的物体理解为**可变形的固体**（或称**变形固体**）。"刚体"这一理想模型在材料力学中已不再适用。

4.1.1 构件设计的三个基本要求

组成工程结构与机械装置的部件、零件统称为**构件**。

构件在工作时，都要承受力的作用，为确保其正常工作，必须满足以下要求：

（1）要有足够的强度。所谓**强度**，即构件抵抗破坏的能力。例如起吊重物的钢丝绳不能被拉断，储气罐不能破裂。

（2）要有足够的刚度。所谓**刚度**，即构件抵抗变形的能力。在规定载荷作用下，某些构件除满足强度要求外，变形也不能过大。例如车床主轴变形过大会影响加工精度，桥梁在自重和外力作用下变形过大会影响通行。

（3）要有足够的稳定性。所谓**稳定性**，即构件保持其原有平衡形态的能力。例如千斤顶的顶杆，内燃机的连杆、挺杆等应始终保持原有的直线平衡形态，保证不被压弯，如图 4-1 和图 4-2 所示。

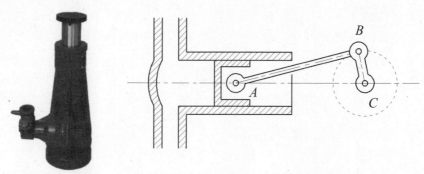

图 4-1 千斤顶   图 4-2 内燃机连杆机构

若构件的横截面尺寸过小或者形状不合理，或者材料质地不好，以致不能满足上述要求，便不能保证机械或工程结构的安全正常工作；反之，不恰当地加大横截面尺寸或选用昂贵的优质材料，这虽能满足上述要求，却增加了成本，造成浪费。

　　综上所述，材料力学的任务是：**研究构件在外力作用下的变形、受力与失效的规律，为合理设计构件提供有关强度、刚度与稳定性分析的基本理论与计算方法（也包括试验方法）。**

　　对具体构件，上述三个要求往往有所侧重，一般并不需要同时考虑以上三个要求，而是因构件工作条件的不同，仅需考虑其中一个或两个要求。例如钢丝绳主要保证强度要求；车床主轴主要保证刚度和强度要求。

　　构件按其几何形状可分为杆件、板、壳、块体。

　　杆件（简称**杆**）：即一个方向的尺寸远大于其他两个方向的尺寸的构件。杆件的形状与尺寸由其轴线与横截面确定，轴线通过横截面的形心，横截面与轴线相正交。可分为等截面杆与变截面杆，直杆与曲杆，如图4-3所示。

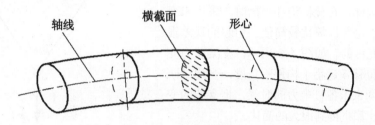

图 4-3　杆件

　　板件（简称为**板**）：一个方向的尺寸远小于其他两个方向的尺寸的构件。平分板件厚度的几何面称为中面，如图4-4所示。中面为平面的板件称为**板**，中面为曲面的板件称为**壳**。

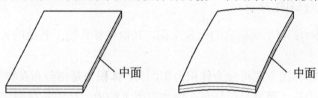

图 4-4　板件

　　材料力学的主要研究对象是杆以及由若干杆组成的简单杆系，同时也研究一些形状与受力较简单的板与壳。至于较复杂的杆系与板壳问题，属于结构力学与弹性力学等的研究范畴。

4.1.2　变形固体及其基本假设

　　在外力作用下，变形固体的变形可分为两类：**弹性变形**和**塑性变形**。

　　当物体受外力作用时发生变形，外力撤除后变形随之消失，材料的这种性质称为**弹性**，撤除载荷后能够消失的变形称为**弹性变形**。当物体受外力作用时发生变形，在外力撤除后，变形只能部分复原，而残留一部分变形不能消失，材料的这种性质称为**塑性**，不能复原而残留下来的变形称为**塑性变形**（或称**残余变形**）。只有当作用于物体上的外力不超过一定限度时，物体的变形才是完全弹性的。材料力学研究的变形主要是弹性变形。

　　在材料力学研究中，为把可变形固体抽象为力学模型，省略一些与强度、刚度、稳定性关系不大的因素，对变形固体还可做如下假设，以简化计算。

　　（1）连续性假设，即假设构件在其整个体积内均毫无空隙地充满了物质。这样构件的一些物理量（例如各点的位移）则可用坐标的连续函数表示，并可采用无限小的分析方法（极限分析）。

（2）均匀性假设，即假设材料各处都有相同的力学性能。按此假设，从构件内部任何部位所切取的微小单元体（简称微体），都具有与构件相同的性质。同样，由试件测得的材料性能，也可用于构件内的任何部位。

（3）各向同性假设，即假设材料沿各个方向均具有相同的性能，如铸钢、铸铜和玻璃。而金属就其单个晶体来说，属于各向异性体。但由于构件中所含晶粒极多，排列又极不规则，所以，按统计学的观点，仍可将金属看成是各向同性的。

（4）小变形假设，即假设受力构件的变形相对于其原始尺寸非常小。在实际工程中，构件的受力如在设计范围内，对于其原有尺寸来讲，其受力后的变形很小。因此，在分析构件平衡时，采用未变形前的几何尺寸进行计算比较简便，引起的误差很小，工程上是允许的。如图 4-5 所示，支架受力变形后节点 A 的位移 δ 远小于构件的长度，当通过研究节点 A 的平衡来求各杆内力的时候，把支架的变形略去不计，计算将得到很大的简化。

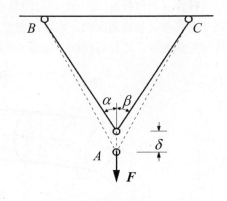

图 4-5 支架

实践证明，在上述假设基础上建立的理论符合工程要求。

4.1.3 外力与内力

（1）外力：对于所研究的对象来说，其他构件作用于其上的力均为外力，包括载荷与约束力。

外力按其作用方式可分为体积力和面力。**体积力**是指分布在物体体积内的力，如惯性力、重力、电磁力等。**面力**是指分布在物体表面上的力，按照其在构件表面分布情况，可分为分布力与集中力。连续分布在构件表面某一范围的力称为**分布力**。如果分布力的作用范围远小于构件的表面面积，或沿杆件轴线分布范围远小于杆件长度，则可将分布力简化为作用于一点的力，称为**集中力**。按照载荷随时间变化的情况，可将其分为静载荷和动载荷。随时间变化极缓慢或不变化的载荷称为**静载荷**。随时间显著变化或使构件各质点产生明显加速度的载荷称为**动载荷**。例如，锻造时汽锤锤杆受到的冲击力为动载荷。

（2）内力：由物理学知识可知，构件在受外力作用之前，其内部各质点间就存在相互作用的力，这就是通常所说的分子凝聚力，它使构件保持固有的形状和大小。当受外力作用时，构件各部分间的相对位置发生变化，从而引起上述作用力的改变，其改变量称为**附加内力**。因此，材料力学所说的**内力是指构件在外力作用下，构件内部各部分之间相互作用力的改变量**，其实是**附加内力**，但简称为**内力**。这一点特别要理解清楚。

综上所述，材料力学研究的就是这种附加内力，而且当外力变化时，内力也会产生变化，一般情况下，外力增大，内力也随着增大；内力的大小及其在构件内部的分布方式与构件的强度、刚度和稳定性密切相关。若内力的数值超过一定限度，则构件将不能正常工作。所以，内力分析是解决构件强度、刚度与稳定性问题的基础。

4.1.4　杆件变形的基本形式

作用于杆件的外力多种多样，杆件的变形也较为复杂，但基本变形有以下四种：**轴向拉伸或压缩、剪切、扭转、弯曲**，如图 4-6 所示。还有一些杆件同时发生两个或两个以上的基本变形，称之为**组合变形**。

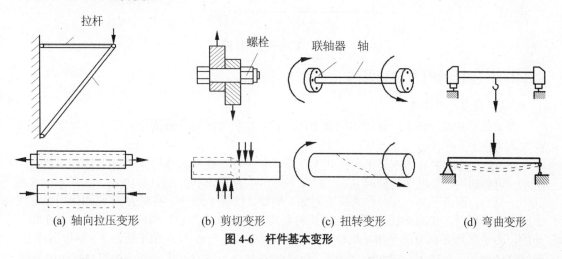

(a) 轴向拉压变形　　(b) 剪切变形　　(c) 扭转变形　　(d) 弯曲变形

图 4-6　杆件基本变形

4.2　轴向拉伸与压缩的概念

4.2.1　轴向拉伸与压缩的实例

工程实际中常有承受拉伸与压缩变形的杆件。例如，承受压缩的连杆，如图 4-7 所示；承受拉伸的螺栓，如图 4-8 所示。

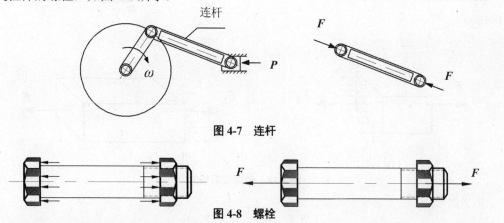

图 4-7　连杆

图 4-8　螺栓

这些受拉或受压杆件的外形、承载方式也许各不相同，但它们的共同特点是：**作用于杆件上的外力或外力的合力的作用线与杆件轴线重合，杆件发生沿轴线方向的伸长或缩短**，这种变形称为**轴向拉伸**或**轴向压缩**。以轴向拉伸或轴向压缩变形为主的杆件，称为**拉压杆**。若把这些杆件的形状和受力情况进行简化，都可简化成如图 4-9 所示的受力图，图中用虚线表示杆件变形后的形状。

图 4-9　轴向拉伸与压缩

4.2.2　拉压杆的内力与截面法

（1）内力与截面法

为了显示和计算内力，通常运用如下的方法，这种方法称为**截面法**。它是分析杆件内力的基本方法。

杆 AB 在外力 F 作用下处于平衡状态，现在要求任一截面 m-m 上的内力，如图 4-10(a)所示。可假想用一个截面将杆沿 m-m 切开，分为 E、H 两部分，如图 4-10(b)、(c)所示。移去其中一部分，而留下另一部分作为研究对象，例如，留下 E 部分，并将 H 对 E 的作用以截面上的内力来代替，如图 4-10(d)所示。按照材料均匀和连续性假设，则内力在截面上是连续分布的，为了保持 E 部分的平衡，这些分布内力的合力 F_N 与外力 F 相平衡，F_N 的作用线必通过杆的轴线，故称 F_N 为**轴力**。同样，如果取 H 部分为研究对象，则由作用和反作用定律可知，H 部分在截面上的轴力与 E 部分在截面上的轴力大小相等，方向相反，如图 4-10(e)所示。

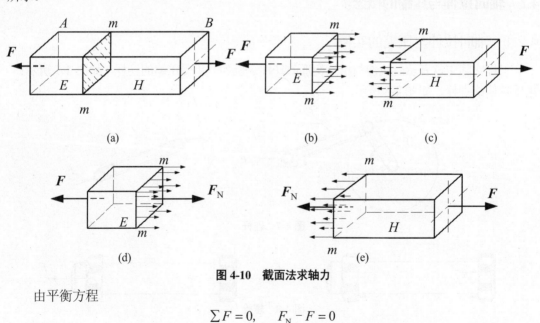

图 4-10　截面法求轴力

由平衡方程

$$\sum F = 0, \qquad F_N - F = 0$$

可得

$$F_N = F$$

为使上述不管取杆件的哪一部分进行研究，所得同一横截面处轴力的正负号相同，特作如下规定：**当轴力的方向与横截面的外法线方向一致时，杆件受拉伸长，其轴力为正；反之，杆件受压缩短，其轴力为负。**通常列平衡方程求轴力的时候，均先按正的符号方向假定计算。

通过上面的分析，截面法的步骤可归纳如下：

①截开。在需求内力的截面处，用一假想平面将构件截成两部分。

②选取。任取一部分（一般取受力情况简单的部分）作为研究对象，弃去另一部分。

③代替。在保留部分的截面上画上内力（**先按规定的正值方向画**）用来代替弃去部分对保留部分的作用。

④平衡。对保留部分建立静力学平衡方程，从而确定内力的大小和方向。

（2）轴力图

当杆上同时作用着多个外力时，须以外力所在的截面将杆分成数段，逐段求出其轴力。为形象地表示轴力沿杆轴线的变化情况，并确定最大轴力的大小及所在截面的位置，常采用图线表示法。作图时，以平行于杆轴的坐标表示横截面的位置，垂直于杆轴的另一坐标表示轴力，正轴力画在横坐标的上方，负轴力画在横坐标的下方，这种表示轴力沿杆轴方向变化情况的图线，称为**轴力图**。举例说明如下。

【**例题 4-1**】　如图 4-11(a)所示，等截面直杆受轴向力 $F_1 = 15$ kN，$F_2 = 10$ kN，$F_3 = 25$ kN 作用，试画出轴力图。

解：（1）外力分析，首先求出支座 D 的约束反力。

$$F_D = F_2 + F_3 - F_1 = 20 \text{ kN}$$

（2）分段计算轴力，如图 4-11(b)、(c)、(d)所示。

列平衡方程 $\sum F = 0$，　　$F_{N1} - F_1 = 0$，　　　　　　得：$F_{N1} = 15$ kN

列平衡方程 $\sum F = 0$，　　$F_{N2} - F_1 + F_2 = 0$，　　　　得：$F_{N2} = 5$ kN

列平衡方程 $\sum F = 0$，　　$F_{N3} + F_D = 0$，　　　　　　得：$F_{N3} = -20$ kN

（3）画轴力图，如图 4-11(e)所示。

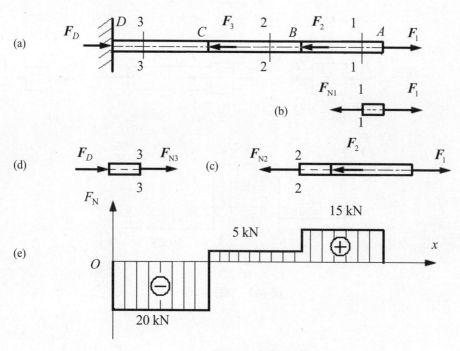

图 4-11　例题 4-1 图

注意：（1）外力不能沿作用线移动，即力的可传性不成立；（2）截面不能切在外力作用点处，要离开作用点；（3）通常未知轴力均按正向假设，这一方法称为"**设正法**"，若结果为正，说明假设正确，是拉力，反之假设错误，是压力。"设正法"在以后其他求内力时也要用到。

轴力图的意义：

（1）反映出轴力与截面位置变化关系，较直观；（2）确定出最大轴力的数值及其所在横截面的位置，即确定危险截面位置，为强度计算提供依据；（3）特点：突变值＝集中载荷大小。（方向？同学自己思考。）

由此可见，截面法是求内力的基本方法。基于截面法的思路，为了简便，也可以直接从所需求内力的横截面的左侧或者右侧来列出轴力方程，具体说明如下。

求杆件任一截面的轴力，其轴力方程是 $F_N = \sum F_i$，$\sum F_i$ **为所研究杆段所受外力的代数和，这里的外力背离截面时在方程中符号为正，指向截面时符号为负**。举例说明如下。

【例题 4-2】 如图 4-12(a)所示，已知力 $F_1 = 5\,\text{kN}$，$F_2 = 25\,\text{kN}$，$F_3 = 30\,\text{kN}$，$F_4 = 10\,\text{kN}$，求杆件 1-1，2-2 及 3-3 截面上的轴力，并作轴力图。

解：用截面法截取如图 4-12(b)、(c)、(d)所示的研究对象，得

$F_{N1} = -F_1 = -5\,\text{kN}$，$F_{N2} = F_3 - F_4 = 30 - 10 = 20\,\text{kN}$，$F_{N3} = -F_4 = -10\,\text{kN}$。

作出的轴力图，如图 4-12(e)所示。

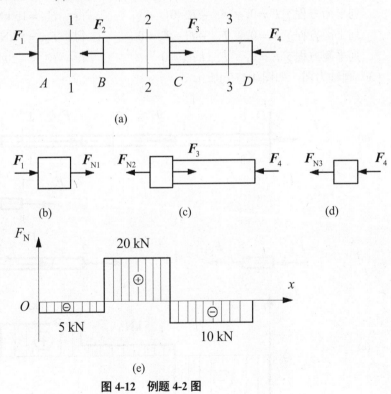

图 4-12　例题 4-2 图

4.3　拉压杆的应力

4.3.1　应力的概念

应用截面法确定内力后，还不能判断杆件的强度是否足够。因为杆件强度不仅与内力有关，还与杆件横截面面积有关。例如材料相同但粗细不同的两根杆件，在相同拉力作用下，其横截面的内力相同，最终细杆却容易被拉断。所以衡量杆件的强度必须以横截面上某点的内力聚集度的大小进行量度。横截面上某一点的内力聚集度，即为该点的**应力**。

研究图 4-13(a)所示杆件。在截面 m-m 上任一点 k 的周围取一微小面积 ΔA，设在 ΔA 上分布内力的合力为 $\Delta \boldsymbol{F}$，一般情况下 $\Delta \boldsymbol{F}$ 不与截面垂直，则 $\Delta \boldsymbol{F}$ 与 ΔA 的比值称为 ΔA 上的平均应力，记为 $\boldsymbol{p}_m$，即

$$\boldsymbol{p}_m = \frac{\Delta \boldsymbol{F}}{\Delta A} \tag{4-1}$$

当 ΔA 趋于零时，平均应力的极值即为该点处的应力 $\boldsymbol{p}$，即

$$p = \lim_{\Delta A \to 0} \frac{\Delta F}{\Delta A} = \frac{\mathrm{d}F}{\mathrm{d}A} \tag{4-2}$$

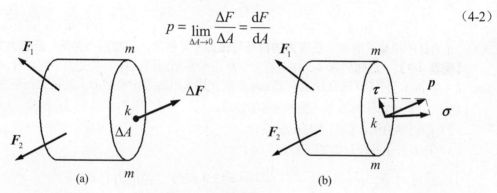

图 4-13　应力的定义

应力 $\boldsymbol{p}$ 是一个矢量，使用中常将其分解成垂直于截面的分量 $\boldsymbol{\sigma}$ 和与截面相切的分量 $\boldsymbol{\tau}$。σ 称为**正应力**，τ 称为**切应力**，如图 4-13(b)所示。显然，

$$p^2 = \sigma^2 + \tau^2 \tag{4-3}$$

在国际单位制中，应力的单位是牛/米^2（N/m^2），又称为帕斯卡（Pascal），简称帕（Pa）。在实际应用中这个单位太小，通常使用兆帕（MPa）或吉帕（GPa）。

$$1 \text{ MPa} = 10^6 \text{ Pa}, \quad 1 \text{ GPa} = 10^9 \text{ Pa}$$

4.3.2　拉（压）杆横截面上的应力

为了确定横截面上各点的应力,必须知道内力在横截面上的分布规律。不妨做如下试验：取一横截面为任意形状的等截面直杆，试验前，在杆的表面画上两条垂直于杆轴的横线 1-1 和 2-2，代表任取的两个横截面。然后，在杆两端施加一对大小相等、方向相反的轴向载荷 $\boldsymbol{F}$。从试验中观察到：拉伸变形后，横线 1-1 和 2-2 仍为直线，且仍垂直于杆件轴线，只是间距增大，分别平移到 1-1$'$，2-2$'$ 的位置，如图 4-14(a)所示。

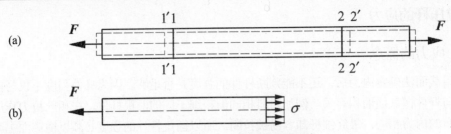

图 4-14   拉压杆试验观察

通过上述现象看本质,可做如下假设：变形前的横截面，变形后仍为平面，仅沿轴线产生了相对平移，并仍与杆的轴线垂直，这个假设称为**拉压杆的平面假设。**

设想杆件是由无数纵向"纤维"组成的，则由拉压杆的平面假设可知，任意两个横截面间所有纵向纤维的伸长相同，即变形相同。由材料的均匀和连续性假设可以推断出内力在横截面上的分布是均匀的，即横截面上各点的应力大小相等，其方向与轴力方向一致，垂直于横截面，是正应力 σ，如图 4-14(b)所示，其计算式为

$$\sigma = \frac{F_N}{A} \tag{4-4}$$

式中，A 为杆的横截面面积。**正应力的符号与轴力符号相同，即拉应力为正，压应力为负。**

【**例题 4-3**】   已知例题 4-2 中的杆件 AD 是阶梯形圆截面杆，其受力不变，杆 ABC 的直径 $d_1 = 40$ mm，杆 CD 的直径 $d_2 = 25$ mm，试分别求出各段中横截面上的最大正应力。

解：（1）计算杆的轴力，见例题 4-2 结果。

（2）画出轴力图，如图 4-12(e)所示。

（3）计算杆上各段最大的正应力：

杆 BC 段：$\sigma_{BC} = \dfrac{F_{N2}}{A_{BC}} = \dfrac{20 \times 10^3}{\frac{\pi}{4} \times 40^2 \times 10^{-6}} = 15.9$ MPa （拉应力）

杆 CD 段：$\sigma_{CD} = \dfrac{F_{N3}}{A_{CD}} = \dfrac{-10 \times 10^3}{\frac{\pi}{4} \times 25^2 \times 10^{-6}} = -20.4$ MPa （压应力）

4.3.3   拉（压）杆斜截面上的应力

以上研究了拉压杆横截面上的应力，但其实在不同截面方位，杆件内也是有应力存在的，因此，下面我们研究斜截面上的应力。

如图 4-15(a)所示，一等直杆受到轴向拉力 F 的作用，其横截面面积为 A，任意斜截面 m-m 的外法线 n 与 x 轴方向的夹角为 α。用截面法可求得斜截面上的内力为 $F_\alpha = F$。

仿照横截面上应力分布的试验，可以观察到在互相平行的截面 m-m 和 m'-m' 之间，各纵向"纤维"的变形也相同。故斜截面上任一点的应力为：

$$p_\alpha = \frac{F_\alpha}{A_\alpha} = \frac{F}{A_\alpha}$$

式中，A_α 为斜截面的面积，$A_\alpha = \dfrac{A}{\cos \alpha}$，代入上式后，得：

$$p_\alpha = \frac{F}{A/\cos\alpha} = \frac{F}{A}\cos\alpha = \sigma\cos\alpha \tag{4-5}$$

式中，σ 是该杆件横截面上的正应力。

此时应力 p_α 与轴向平行，如图 4-15(b)所示。将其沿斜截面法向和切向分解，如图 4-15(c)所示，得斜截面上的正应力 σ_α 与切应力 τ_α 分别为

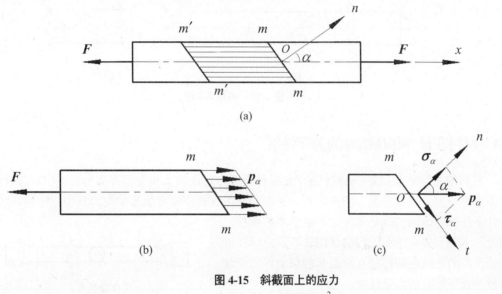

图 4-15　斜截面上的应力

$$\left.\begin{array}{l}\sigma_\alpha = p_\alpha\cos\alpha = \sigma\cos^2\alpha \\[2mm] \tau_\alpha = p_\alpha\sin\alpha = \sigma\cos\alpha\sin\alpha = \dfrac{\sigma}{2}\sin 2\alpha\end{array}\right\} \tag{4-6}$$

从式（4-6）可知，斜截面上的正应力 σ_α 和切应力 τ_α 都是 α 的函数。它表明：过杆内同一点的不同斜截面上的应力是不同的。讨论如下：

（1）当 $\alpha = 0$ 时，横截面上的正应力达到最大值，$\sigma_{\max} = \sigma$。

（2）当 $\alpha = 45°$ 时，切应力 τ_α 达到最大值（即拉压杆的最大切应力发生在与杆轴成 45° 的斜截面上），$\tau_{\max} = \dfrac{\sigma}{2}$。

（3）当 $\alpha = 90°$ 时，σ_α 和 τ_α 均为零，表明轴向拉压杆在平行于杆轴的纵向截面上无任何应力。

在应用式（4-6）时，对 α，σ_α，τ_α 的符号做如下规定：**从以 x 轴为始边，转到该截面的外法线 n，方位角 α 逆时针转向为正**；σ_α **仍以拉应力为正，压应力为负**；**将该截面的外法线 n 沿顺时针方向转 $90°$，与该方向同向的切应力 τ_α 为正**。如图 4-15(c)所示的 α，τ_α 皆为正。

【例题 4-4】　如图 4-16(a)所示，轴向受拉等截面杆，横截面面积 $A = 200\ \text{mm}^2$，载荷 $F=15\ \text{kN}$，$\alpha = 45°$，试求斜截面 m-m 上的正应力和切应力。

解：杆件横截面上的正应力为

$$\sigma = \frac{F_N}{A} = \frac{15\times 10^3}{200\times 10^{-6}} = 75\ \text{MPa}$$

在 m-m 截面上法线的方位角为 $\alpha = 45°$，故斜截面 m-m 上的正应力与切应力分别为

$$\sigma_{45^\circ} = \sigma \cos^2 \alpha = 75 \times 10^6 \times \cos^2 45^\circ = 37.5 \text{ MPa}$$

$$\tau_{45^\circ} = \frac{\sigma}{2} \sin 2\alpha = \frac{75}{2} \times 10^6 \times \sin 90^\circ = 37.5 \text{ MPa}$$

正应力和切应力的方向如图 4-16(b)所示。

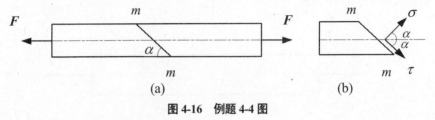

(a)   (b)

图 4-16　例题 4-4 图

4.4　材料在拉伸和压缩时的力学性能

材料的力学性能（或称机械性能）是指材料受力时在强度和变形方面所表现出来的特性。例如危险应力、弹性模量、泊松比等，它们通常由各种实验方法来测定；其中，常温、静载条件下拉伸或压缩实验是最主要和最基本的两种。因此，本节主要介绍在工程中使用较广，力学性能比较典型的低碳钢和铸铁在常温和静载条件下受轴向拉伸或压缩时的力学性能。

4.4.1　低碳钢拉伸时的力学性能

《金属材料室温拉伸试验方法》（GB/T 228—76）对试件尺寸、加工精度、加载速度等做了详细的规定。为了便于比较试验结果，规定将材料制成标准尺寸的试件，如图 4-17 所示。l 为试件工作段的长度，称为**标距**。对于圆形截面标准试件，标距 l 和直径 d 有两种比例：$l=5d$ 与 $l=10d$；对于矩形截面标准试件，标距 l 和横截面面积 A 也有两种比例：$l=5.65\sqrt{A}$ 与 $l=11.3\sqrt{A}$。

用于试验的低碳钢一般选取 Q235（常称为A3 钢）。

试验时，将试件装夹在试验机上，如图 4-18所示，然后缓慢加载直至试件被拉断为止。试验机可自动地将试验过程中拉力 F 和对应标距的伸长量 Δl 记录下来，并绘成 $F-\Delta l$ 曲线，称为**拉伸图**，如图 4-19 所示。拉伸图的形状与试件的尺寸有关，为了消除试件横截面尺寸和长度的影响，将载荷 F 除以试件原来的横截面面积 A，得到应力 σ，将变形 Δl 除以试件的原长 l，得到 $\varepsilon = \dfrac{\Delta l}{l}$，$\varepsilon$ 称为**应变**。这样以 σ 为纵坐标，ε 为横坐标绘

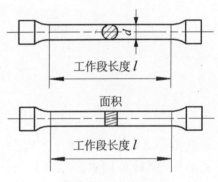

图 4-17　标准试件

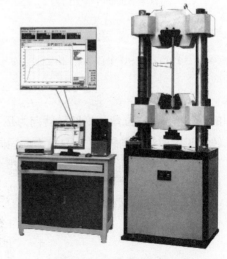

图 4-18　液压式万能试验机

出的 $\sigma - \varepsilon$ 曲线，称为**应力—应变图**，如图 4-20 所示。

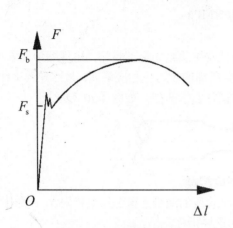

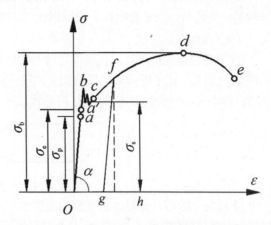

图 4-19　低碳钢拉伸图　　　　　图 4-20　低碳钢拉伸的应力—应变曲线

如图 4-20 所示，可见整个拉伸过程大致可分为四个阶段，现分别讨论如下：

（1）弹性阶段

弹性阶段可分为两段：直线段 Oa 和微弯段 aa'。直线段表示该段正应力和正应变成正比，故称这段为**比例阶段**或**线弹性阶段**。点 a 所对应的应力称为材料的**比例极限**，用 σ_p 表示。点 a 是直线段的最高点，所以比例极限是材料在比例阶段的最大应力，低碳钢比例极限为 $\sigma_p = 190 \sim 200$ MPa。Oa 直线的倾角为 α，其斜率为 $\tan\alpha = \dfrac{\sigma}{\varepsilon} = E$，即为材料的**弹性模量**。

当应力超过 σ_p 后，$\sigma - \varepsilon$ 曲线开始微弯，此时应力、应变不再保持线性关系，但材料的变形仍是弹性的，此时如果卸掉加载的载荷，试件能够恢复原状。材料保持弹性变形的最大应力（对应图上的 a'）称为**弹性极限** σ_e。试验表明：σ_p 和 σ_e 很接近，工程上一般对此不做严格区分，所以常说材料在弹性极限范围内服从胡克定律。

（2）屈服阶段

当应力超过 σ_e 以后，试件除产生弹性变形外，还将产生塑性变形，且出现应力没有明显增大但应变却急剧增大的现象，此时，$\sigma - \varepsilon$ 曲线出现一条近似水平的小锯齿形线段，表明材料暂时失去了抵抗变形的能力，这种现象称为屈服或流动。这一阶段曲线 bc 的最低点所对应的应力称为**屈服极限**，用 σ_s 表示。

在屈服阶段，表面磨光的试件表面会出现与轴线大致成45°角的条纹，如图 4-21 所示。由拉压杆斜截面上的应力分析公式（4-6）可知，最大切应力与杆件轴向成45°，可见条纹是材料内部晶格间沿最大切应力作用面发生滑移而出现的，故称之为**滑移线**。一般认为，晶格间的滑移是产生塑性变形的根本原因。

材料屈服时出现明显的塑性变形，这将影响构件的正常工作，所以屈服极限 σ_s 是衡量材料强度的一个重要指标。

图 4-21　低碳钢滑移现象

（3）强化阶段

屈服阶段后，$\sigma - \varepsilon$ 曲线图上出现上凸的曲线 cd 段。这表明：材料又恢复了抵抗变形的能力，即若要材料继续变形，必须增加应力，这种现象称为材料的强化。强化阶段的最高点

d 点所对应的应力是材料被拉断前所能承受的最大应力，称为**强度极限**，用 σ_b 表示，它是衡量材料强度的另一个重要指标。低碳钢 $\sigma_b = 370 \sim 460\ \text{MPa}$。

（4）颈缩断裂阶段

应力达到强度极限后，在试件较薄弱的横截面处发生急剧的局部收缩，出现缩颈现象，如图 4-22 所示。由于缩颈处的横截面面积迅速减小，所需的拉力也相应降低，最终导致试件断裂，应力—应变曲线呈下降的 de 段形状，至 e 点试件发生断裂，如图 4-20 所示。

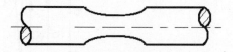

图 4-22 低碳钢缩颈现象

上述每一阶段，都是由量变到质变的过程。四个阶段的质变点就是比例极限 σ_p、屈服极限 σ_s 和强度极限 σ_b，σ_s 和 σ_b 是衡量材料强度的重要指标。

试件拉断后，弹性变形随着外力的撤除而消失，只残留下塑性变形。材料的塑性变形能力也是衡量材料力学性能的重要指标，一般称为塑性指标。工程中常用的塑性指标有两个：**伸长率**或**延伸率** δ 和**断面收缩率** ψ。

$$\delta = \frac{l_1 - l}{l} \times 100\% \tag{4-7}$$

$$\psi = \frac{A - A_1}{A} \times 100\% \tag{4-8}$$

式中，l 是标距原长，l_1 是拉断后标距的长度，A 是试件原横截面面积，A_1 为断裂后缩颈处的最小横截面面积。

低碳钢的伸长率在 20%～30% 之间，断面收缩率约为 60%，故低碳钢是很好的塑性材料。工程上通常用标距与直径之比为 10 的试件的伸长率区分塑性材料和脆性材料。把 $\delta_{10} \geqslant 5\%$ 的材料称为**塑性材料**，如钢材、铜和铝等；把 $\delta_{10} < 5\%$ 的材料称为**脆性材料**，如铸铁、砖石等。

如果试件拉伸到强化阶段任一点 f 处，然后逐渐卸载，则 $\sigma - \varepsilon$ 曲线将沿与 Oa 近乎平行的直线 fg 下降到点 g，如图 4-20 所示。这说明：在卸载过程中，应力和应变按直线规律变化，这就是**卸载定律**。gh 表示消失的弹性变形，Og 表示不能消失的塑性变形。

如果将卸载后的试件接着重新加载，$\sigma - \varepsilon$ 曲线基本上将沿着卸载时的直线 fg 上升到 f 点，然后沿着原来的 $\sigma - \varepsilon$ 曲线直至断裂。由此可见，在第二次加载时，材料的比例极限、屈服极限有所提高，而断后的塑性变形却减小，塑性降低，这种现象称为材料的**冷作硬化**。工程中常用冷作硬化来提高某些构件的承载能力，例如预应力钢筋、钢丝绳、传动链条等。

4.4.2 其他材料拉伸时的力学性能

其他金属材料的拉伸试验和低碳钢拉伸试验方法相同，但不同材料所显示出来的力学性能有很大的差异。

（1）其他塑性材料在拉伸时的力学性能

如图 4-23 所示，给出了锰钢、硬铝、退火球墨铸铁、青铜和低碳钢的应力—应变曲线。

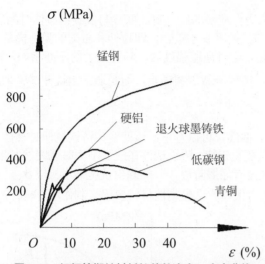

图 4-23 锰钢等塑性材料拉伸的应力—应变曲线

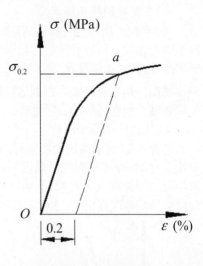

图 4-24 名义屈服极限

这些都是塑性材料，但前四种和低碳钢材料相比较，没有明显的屈服阶段。对于没有明显屈服阶段的塑性材料，工程上规定，取试件塑性变形时产生的应变为 0.2% 所对应的应力作为材料的屈服指标，称为**名义屈服极限**，用 $\sigma_{0.2}$ 表示，如图 4-24 所示。

（2）铸铁在拉伸时的力学性能

灰口铸铁拉伸时的应力—应变曲线是一段微弯曲线，如图 4-25 所示，从中可见其没有明显的直线部分，既无屈服阶段，也无缩颈现象；断裂时断口垂直于试件轴线。铸铁的伸长率通常只有 0.4%～0.6%，是典型的脆性材料。抗拉强度极限 σ_b 是其唯一的强度指标，脆性材料的抗拉强度很低，不宜用来承受拉伸变形。

没有明显的直线部分，说明铸铁不符合胡克定律。但由于灰口铸铁构件总是在较小范围内工作，当应力较小时，可近似地以曲线初始部分的割线 Oa（图 4-25 中虚线）代替原来的曲线，认为其在较小应力时仍符合胡克定律，且有不变的弹性模量 E，即直线 Oa 的斜率。

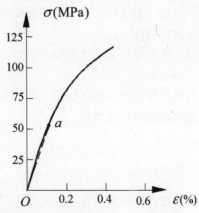

图 4-25 铸铁拉伸的应力—应变曲线

4.4.3 材料在压缩时的力学性能

金属材料的压缩试件一般为短圆柱形，为避免压弯，其高度为直径的 1.5～3 倍。混凝土、石料等则制成方块试样。

（1）低碳钢的压缩试验

如图 4-26 所示为低碳钢压缩时的应力—应变曲线，将此曲线与低碳钢拉伸时的应力—应变曲线比较，可以看出：在屈服阶段前，两者基本重合，即拉伸和压缩的弹性模量 E、比例极限 σ_p 和屈服强度 σ_s 基本相同。但是，超过屈服强度后，随着压力的不断增加，试件将越压越扁，却不会断裂。根据这种情况，一般不做压缩试验，而是通常由拉伸试验来测定像低碳钢这类塑性材料的力学性能。

（2）铸铁的压缩试验

如图 4-27 所示为铸铁压缩时的 $\sigma - \varepsilon$ 曲线，可以看出：该曲线如铸铁拉伸时一样也没有直线部分，因此压缩时也只是近似地服从胡克定律。铸铁试件在应变不大时就突然发生破坏，破坏截面与轴线大致成 45° 的倾角。铸铁没有屈服阶段，只能测出抗压强度极限 σ_b，且抗压强度比抗拉强度高出 4～5 倍，故以铸铁为代表的这类脆性材料多用来制作承压构件。

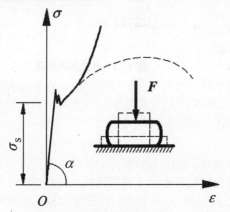
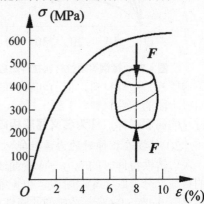

图 4-26　低碳钢压缩时的应力—应变曲线　　图 4-27　铸铁压缩时的应力—应变曲线

综合以上的讨论，将塑性材料与脆性材料的力学性能主要区别归纳如下：

①塑性材料在破坏前将产生显著的变形，而脆性材料在破坏前变形极小，且破坏是突然的。

②塑性材料有明显的屈服阶段，且抗拉和抗压的屈服极限基本相同。脆性材料没有明显的屈服极限，抗压强度远高于抗拉强度。

塑性材料由于抗拉性能好、塑性变形大，故多用于拉伸、弯曲和承受动载荷的构件中。塑性材料的工艺性能也较好，便于加工。

脆性材料抗压性能相对其抗拉性能好，价格低廉。例如，在工程上混凝土常用于建造建筑物的基础，铸铁常用于制造机器底座和阀体等。

4.5　拉压杆的变形

当杆件承受轴向载荷时，其轴向与横向尺寸均发生变化，杆件沿轴线方向的变形称为杆的**轴向变形**（或称**纵向变形**），垂直轴线方向的变形称为杆的**横向变形**。

4.5.1　轴向变形和横向变形

设圆截面等直杆在轴向拉力 F 的作用下，杆件长度由原长 l 伸长到 l_1，横向尺寸由原长 d 变形为 d_1，如图 4-28 所示，则等直杆的轴向变形为

$$\Delta l = l_1 - l$$

横向变形为

$$\Delta d = d - d_1$$

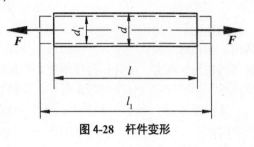

图 4-28　杆件变形

上述杆件的变形计算只反映其总变形量，与杆件的原始尺寸有关，它不能确切地说明杆件的变形程度。为了度量杆件的变形程度，用单位长度内杆的变形即**线应变**来衡量。与上述两种变形相对应的线应变分别为

轴向线应变　　　$\varepsilon = \dfrac{\Delta l}{l}$　　　　　　　　　　　　　（4-9）

横向线应变　　　$\varepsilon' = \dfrac{\Delta d}{d}$　　　　　　　　　　　　（4-10）

线应变表示的是杆件的相对变形，它是一个量纲为 1 的量。

需要说明的是，当杆件横截面是非圆截面形状时，其不同方向的横向线应变在比例极限范围内是一样的。

试验表明：当拉压杆内的应力不超过材料的比例极限时，横向线应变 ε' 与轴向线应变 ε 之比的绝对值为一常数，该常数用 μ 表示，称为**泊松比**或**横向变形系数**，它也是一个量纲为 1 的量。即

$$\mu = \left| \frac{\varepsilon'}{\varepsilon} \right|$$

μ 的值可通过试验测定，表 4-1 为常见材料的弹性模量和泊松比。

当杆件轴向伸长时，横向缩小，而当轴向缩短时，横向增大，即 ε' 和 ε 的符号总是相反的，故

$$\varepsilon' = -\mu\varepsilon \tag{4-11}$$

表 4-1　常见材料的弹性模量与泊松比

	钢与合金钢	铝合金	铜	铸铁	木（纵纹）
E(GPa)	200～220	70～72	100～120	80～160	8～12
μ	0.24～0.30	0.26～0.34	0.33～0.35	0.23～0.26	—

4.5.2　胡克定律

轴向拉压试验表明：在比例极限内，正应力与正应变成正比，即

$$\sigma \propto \varepsilon$$

引进比例系数 E，则

$$\sigma = E\varepsilon \tag{4-12}$$

上述关系式称为**胡克定律**。比例系数 E 称为材料的弹性模量，其值随材料而异，并由试验测定。由上式可知，弹性模量 E 与应力 σ 具有相同的量纲，常用 GPa 表示。

横截面上的正应力为

$$\sigma = \frac{F_N}{A} \tag{4-13}$$

将式（4-9）与（4-13）代入式（4-12）得

$$\Delta l = \frac{F_N l}{EA} \qquad (4\text{-}14)$$

上述关系式仍称为胡克定律，或者称为胡克定律的另一种形式。它表明，在比例极限范围内，拉压杆的轴向变形 Δl 与轴力 F_N 及杆长 l 成正比，与乘积 EA 成反比。EA 称为**杆的抗拉（或抗压）刚度**，或简称**拉压刚度**，它反映了杆件抵抗拉伸（或压缩）变形的能力。轴向变形 Δl 与轴力 F_N 具有相同的正负号，即**伸长为正，压缩为负**。

【例题 4-5】 如图 4-29 所示，螺栓的内径 $d = 10.1$ mm，被连接部件的总长度 $l = 80$ mm，拧紧时螺栓 AB 段的伸长量 $\Delta l = 0.03$ mm，钢的弹性模量 $E = 210$ GPa，计算横截面上的应力和螺栓的预紧力。

解：（1）计算拧紧后螺栓的应变

$$\varepsilon = \frac{\Delta l}{l} = \frac{0.03}{80} = 3.75 \times 10^{-4}$$

（2）利用胡克定律，计算螺栓横截面上的应力

$$\sigma = E\varepsilon = 210 \times 10^9 \times 3.75 \times 10^{-4} = 78.75 \text{ MPa}$$

（3）计算螺栓的预紧力

$$F = \sigma A = 78.8 \times 10^6 \times \frac{\pi \times 10.1^2 \times 10^{-6}}{4} = 6.31 \text{ kN}$$

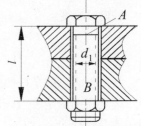

图 4-29　例题 4-5 图

4.6　拉压杆的强度计算

由材料的力学性能可知，对于塑性材料，当应力达到屈服极限 σ_s（或 $\sigma_{0.2}$）时，会发生显著的塑性变形，影响构件的正常工作。对于脆性材料，当应力达到强度极限 σ_b 时，会引起断裂。在工程实际中，这两种情况显然都是不被允许的，因此，屈服和断裂都属于破坏现象。材料破坏时的应力称为**极限应力**，用 σ_u 表示。

对于脆性材料，强度极限是其唯一强度指标，因此，以强度极限作为极限应力。对于塑性材料，当其工作时达到屈服极限，已经出现显著的塑性变形，构件将不能正常工作，故通常将屈服极限作为极限应力。

构件在载荷作用下实际承受的应力，称为**工作应力**。为了保证构件工作时有足够的强度，其工作应力应小于极限应力 σ_u。若再考虑其他一些因素，如载荷估计的准确性、计算方法的精确度、材料性质的均匀程度以及结构破坏后造成事故的严重程度等，构件还应有一定的强度储备或安全余量。所以，一般把材料的极限应力除以一个大于 1 的系数 n，得到的应力值称为材料的**许用应力**（即构件允许承受的工作应力的最大值），用 $[\sigma]$ 表示，即

$$[\sigma] = \frac{\sigma_u}{n} \qquad (4\text{-}15)$$

式中，n 为大于 1 的因数，称为**安全系数**。

为了保证构件安全、可靠地工作，必须使构件的最大工作应力不超过该构件所用的材料的许用应力。于是得到构件轴向拉伸或压缩时的强度条件，即

$$\sigma_{max} = \frac{F_N}{A} \leqslant [\sigma] \qquad (4\text{-}16)$$

根据强度条件可解决以下三类强度问题：

（1）校核强度。已知材料的许用应力$[\sigma]$、横截面面积 A 及所受的载荷，应用公式（4-16）可校核杆件是否满足强度要求。

（2）设计截面。已知材料的许用应力$[\sigma]$及所受的载荷，应用公式（4-16）可计算横截面面积 A，即

$$A \geqslant \frac{F_{Nmax}}{[\sigma]} \tag{4-17}$$

（3）确定许可载荷。已知材料的许用应力$[\sigma]$及横截面面积 A，应用公式（4-16）可确定杆件所允许承受的最大载荷，即

$$F_{Nmax} \leqslant [\sigma]A \tag{4-18}$$

【例题 4-6】　如图 4-30(a)所示，已知 $d = 20\ \text{mm}$，$a = 100\ \text{mm}$，$F = 20\ \text{kN}$。杆 AB 的材料为钢材，$[\sigma]_钢 = 160\ \text{MPa}$，杆 CB 的材料为木材，$[\sigma]_木 = 10\ \text{MPa}$，试分别校核杆件的强度。

解：（1）以节点 B 为研究对象，受力分析如图 4-30(b)所示。列平衡方程解得

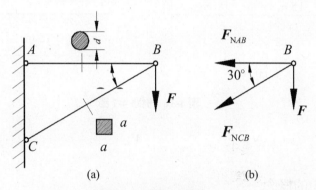

(a)　　　　　　　　　　(b)

图 4-30　例题 4-6 图

$$F_{NAB} = \sqrt{3}F = 20\sqrt{3}\ \text{kN}$$

$$F_{NBC} = -2F = -40\ \text{kN}$$

AB 杆受拉，轴力大小为 $20\sqrt{3}\ \text{kN}$；BC 杆受压，轴力大小为 $40\ \text{kN}$。

（2）校核 AB 杆和 BC 杆的强度

$$\sigma_{AB} = \frac{4 \times 20\sqrt{3} \times 10^3}{\pi \times 20^2 \times 10^{-6}} = 110.3\ \text{MPa} < [\sigma]_钢 \qquad \sigma_{BC} = \frac{40 \times 10^3}{10^4 \times 10^{-6}} = 4\ \text{MPa} < [\sigma]_木$$

结论：钢杆、木杆强度足够。

【例题 4-7】　如图 4-31(a)所示桅杆式起重机，钢丝绳 AB 的截面积 $A = 400\ \text{mm}^2$，许用应力$[\sigma] = 40\ \text{MPa}$，求起重机能吊多重的物体？

解：以起重机整体为研究对象，受力如图 4-31(b)所示。对铰链 D 取矩，得

$$\sum M_D(\boldsymbol{F}) = 0，\quad F_{AB} \times 15 \times \sin\alpha - P \times 5 = 0$$

$$F_{AB} = \frac{P \times 5}{15 \times \sin\alpha} \qquad 其中 \sin\alpha = \frac{10}{\sqrt{325}}$$

$$F_{AB} = \frac{P \times 5 \times \sqrt{325}}{15 \times 10} = \frac{\sqrt{325}}{30}P$$

由强度条件 $\sigma = \dfrac{F_{AB}}{A} \leqslant [\sigma]$ 可得：

$$\frac{\sqrt{325}P}{30 \times 400 \times 10^{-6}} \leqslant 40 \times 10^{6}$$

解得：$P = 26.63$ kN

故起重机能吊起的物体重量是 26.63 kN。

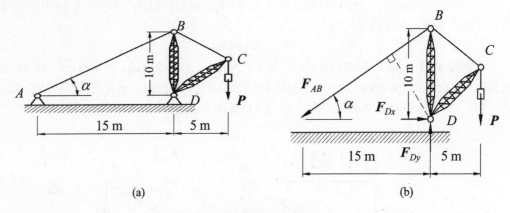

图 4-31　例题 4-7 图

4.7　应力集中

4.7.1　应力集中的概念

由于构造与使用等方面的需要，许多构件可能会有开孔、沟槽（如螺纹）、台肩等。通过偏光弹性实验分析发现，在外力作用下，这些截面的尺寸或形状发生突然变化的地方及其附近，应力值会急剧增大且不均匀，但在离开这些地方稍远处的应力会迅速降低并趋于均匀。这种因构件的截面尺寸或形状发生突然改变，而在局部区域引起应力急剧增大的现象，称为**应力集中**，如图 4-32 所示。

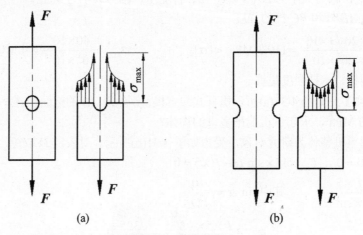

图 4-32　应力集中

4.7.2　应力集中系数

在发生应力集中的截面上，最大应力 σ_{max} 与同一截面上的平均应力 σ 之比，称为**应力集中系数**，用 K 表示，即

$$K = \frac{\sigma_{max}}{\sigma} \tag{4-19}$$

它反映了应力集中的程度，应力集中系数一般在 1.2～3 之间。实验结果表明：截面尺寸改变越急剧、角越尖、槽越锐，应力集中程度就越严重。因此，应尽可能避免带尖角的孔和槽，在阶梯轴的轴肩处要用过渡圆弧，而且尽可能使圆弧的半径大一些。

4.7.3　应力集中对构件强度的影响

对于由塑性材料制成的构件，在静载荷作用下，应力集中对其强度的影响是不明显的。因为塑性材料变形时具有屈服阶段，所以当应力集中处的最大应力 σ_{max} 达到屈服极限 σ_s 后，若载荷继续增大,则所增加的载荷将由同一截面的未屈服部分承担，以致屈服区域不断扩大，直至整个截面上的应力都达到屈服极限时,截面上的应力又变成了均匀分布,这种现象称为**应力重新均匀分布现象**。可见，应力重新均匀分布现象对材料的破坏能起到一定的缓冲作用。

对于由脆性材料制成的构件，因为其没有屈服阶段，载荷增加时应力集中处的最大应力一直领先，首先达到强度极限 σ_b，该处将首先出现裂纹。所以，即使在静载荷作用下也应考虑应力集中对其强度的影响。

在周期性变化的应力或冲击载荷作用下，即使是塑性材料制成的构件，应力集中对强度的影响也是严重的。

4.8　连接件的实用计算

4.8.1　剪切的概念

在工程实际中，机械和结构的各组成部分，通常采用不同类型的方式进行连接。例如，在桥梁结构中，钢板之间常采用铆钉连接，机械传动中，常用平键或螺栓连接等；由于焊接接头可靠性的提高，近年来焊接在工程中得到广泛应用，如图 4-33 所示。这些起连接作用的铆钉、螺栓、平键及焊缝等统称为**连接件**。对这些连接件的受力进行分析，可见其受力特点是：**作用在构件两侧面上外力的合力大小相等，方向相反，作用线相距很近**。其变形特点是：**二力间的横截面（剪切面）沿着外力作用的方向产生相对错动或者有错动的趋势**，这种变形称为**剪切变形**，发生相对错动的平面称为**剪切面**。

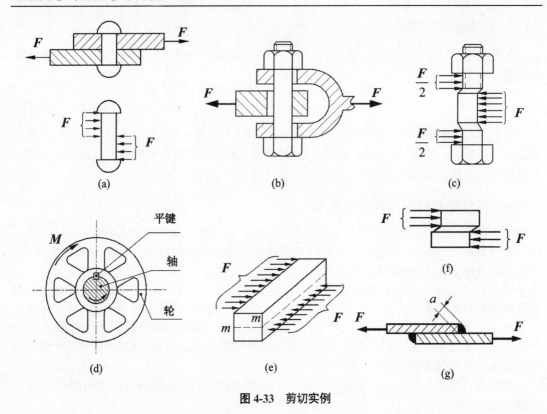

图 4-33 剪切实例

4.8.2 剪切胡克定律与切应力互等定理

（1）剪切胡克定律

现在从图 4-33(c)中的螺栓的剪切面处取出一个微小的矩形六面体，以后称其为**单元体**，并放大为如图 4-34(a)所示。在与剪力相应的切应力 τ 的作用下，单元体产生错动，使原来的直角改变了一个微小角度 γ，称为**切应变**。通过实验表明：当切应力不超过材料的剪切比例极限 τ_p 时，切应力 τ 与切应变 γ 成正比，称为材料的**剪切胡克定律**，如图 4-34(b)所示。

$$\tau = G\gamma \tag{4-20}$$

式中，比例常数 G 与材料有关，称为材料的**切变模量**。G 的量纲与 τ 相同，单位为 Pa（常用 GPa），其值由实验测得。一般钢材的 G 约为 80 GPa，铸铁约为 45 GPa。

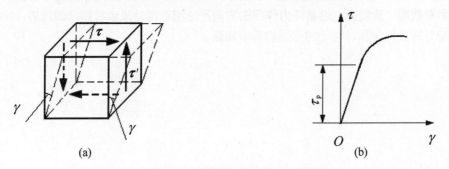

图 4-34 材料剪切时的应力—应变曲线

（2）切应力互等定理

如图 4-34(a)所示，可以通过证明得到（这里省略，读者可以参阅其他书籍）：

$$\tau = \tau'$$ （4-21）

上式表明：在单元体的相互垂直的两个平面上，切应力成对存在且数值相等；两者都垂直于两个平面的交线，方向则共同指向或共同背离这一交线。这个关系称为**切应力互等定理**。

4.8.3 剪切的实用计算

连接件的受力和变形一般都较复杂，精确分析其工作应力比较困难，因此，工程中通常采用实用计算法来计算。这种简化的算法计算出的应力值与实验测得的构件破坏时的应力数值是相近的，完全可以满足工程计算的要求。

现以图 4-35(a)所示的销钉为例，说明实用计算的方法。

销钉受力如图 4-35(a)所示。假想沿剪切面 *m-m* 截开销钉，将销钉分成上下两部分，取上半部分为研究对象。根据平衡条件，在剪切面上存在着与外力大小相等、方向相反的分布内力作用，其合力称为**剪力**，用符号 F_s 表示，如图 4-35(b)所示，且

$$F_s = F$$

切应力在剪切面上的分布情况比较复杂，工程上通常采用实用计算，近似地认为切应力在剪切面上是均匀分布的，如图 4-35(c)所示，则：

$$\tau = \frac{F_s}{A}$$ （4-22）

式中 τ 为剪切面上的切应力，A 为剪切面面积。

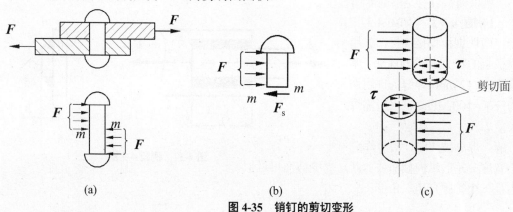

(a)   (b)   (c)

图 4-35 销钉的剪切变形

通过上面的分析，可知由式（4-22）计算出的切应力是"平均值"，是一个名义切应力。为了弥补这一不足，在用实验建立强度条件时，必须尽可能使试样的受力情况接近实际的连接件受力情况，以求得试样破坏（或失效）时的极限载荷。同样也用式（4-22）将测得的极限载荷除以剪切面面积求出相应的名义极限应力，再除以安全系数 n，得到许用切应力 $[\tau]$。为保证连接件具有足够的抗剪强度，要求剪切面上的切应力不超过材料的许用应力。所以剪切强度条件为：

$$\tau = \frac{F_s}{A} \leq [\tau]$$ （4-23）

式中，$[\tau]$ 为材料的许用切应力。

【例题 4-8】　如图 4-36(a)所示，电瓶车挂钩用插销联接。已知 $t = 8$ mm，牵引力 $F = 15$ kN，插销直径 $d = 20$ mm，插销材料的许用切应力 $[\tau] = 30$ MPa，试校核插销的剪切强度。

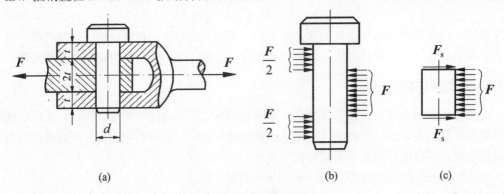

图 4-36　例题 4-8 图

解：（1）取插销为研究对象，其受力如图 4-36(b)、(c)所示，可以看出，插销有两个剪切面，这种情况称为**双剪切**。

（2）应用截面法可求出插销上的两个剪切面上具有相同的剪力 $F_s = \dfrac{F}{2}$。

（3）求切应力　$\tau = \dfrac{F_s}{A} = \dfrac{\dfrac{F}{2}}{\dfrac{\pi d^2}{4}} = \dfrac{2F}{\pi d^2} = \dfrac{2 \times 15 \times 10^3}{3.14 \times 20^2 \times 10^6} = 23.89$ MPa $< [\tau]$

所以插销具有足够的剪切强度。

【例题 4-9】　如图 4-37
所示，两块钢板焊接连接，作用
在钢板上的拉力 $F = 400$ kN，焊
缝高度 $h = 12$ mm，焊缝的许用切
应力 $[\tau] = 100$ MPa。试求所需焊
缝长度 l。

解：焊缝破坏时，沿着焊缝
最小宽度 $n\text{-}n$ 的纵向截面被剪断，焊缝截面可近似
认为是一个等腰直角三角形。

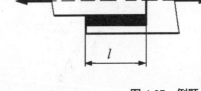
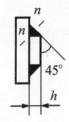

图 4-37　例题 4-9 图

剪切面 $n\text{-}n$ 上的剪力　　　$F_s = \dfrac{F}{2} = 200$ kN

剪切面面积为　　　　　　$A = lh \cos 45^\circ = 8.49l$

由剪切强度条件　　　$\tau = \dfrac{F_s}{A} = \dfrac{200 \times 10^3}{8.49l \times 10^{-6}} \leqslant [\tau]$　　　解得：$l = 235.6$ mm

由于焊缝两端强度较差，可以适当考虑加长一点，故取整数 $l = 240$ mm。

4.8.4　挤压的实用计算

在外力作用下，连接件与被连接件在接触面上相互压紧，这种现象称为**挤压**。以图 4-38
的螺栓为例。螺栓在承受剪切作用的同时，与钢板孔壁也彼此压紧，螺栓与钢板孔壁的接触

表面称为**挤压面**。作用在挤压面上的压力称为**挤压力**，用F_{bs}表示。由于挤压作用而在挤压面上产生的应力，称为**挤压应力**，用σ_{bs}表示。当挤压面的挤压应力过大时，可能导致螺栓或钢板产生明显的局部塑性变形而使构件失效。失效的可能形式有：（1）钢板上的圆孔被挤压成长圆孔，甚至钢板被撕裂，产生豁口；（2）螺栓的侧面被压溃；（3）两者同时发生。因此，对受剪构件除进行剪切强度计算外，还要进行挤压强度计算。

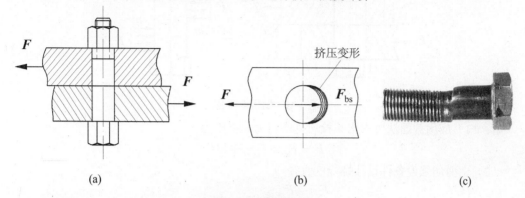

图 4-38 挤压实例

采用实用计算，认为挤压应力均匀分布，则挤压应力：

$$\sigma_{bs} = \frac{F_{bs}}{A_{bs}} \tag{4-24}$$

式中，A_{bs}为挤压面的面积。

挤压面的面积要视接触面的具体情况而定。当挤压面为平面时，实际接触面的面积就是挤压面的面积，如图 4-39 所示的平键连接，$A_{bs} = \frac{1}{2}hl$；对于螺栓、销钉类圆柱形连接件，挤压面的面积为实际接触面的正投影面积，如图 4-40 所示，$A_{bs} = dt$。**采用这样的计算方法，得出的挤压应力接近它们的最大挤压应力，简单方便。**

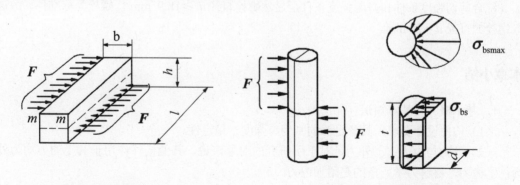

图 4-39 平键　　　　　　　　　图 4-40 圆柱形连接件

为防止产生挤压破坏，要求挤压应力不超过材料的许用挤压应力，由此挤压强度条件为：

$$\sigma_{bs} = \frac{F_{bs}}{A_{bs}} \leqslant [\sigma_{bs}] \tag{4-25}$$

式中，$[\sigma_{bs}]$为材料的许用挤压应力。

由于剪切和挤压同时存在，为保证连接件的强度，必须同时满足剪切和挤压强度条件。

【例题 4-10】 如图 4-41 所示的螺栓连接中，螺栓材料的许用切应力 $[\tau]=100$ MPa，其许用挤压应力 $[\sigma_{bs}]=200$ MPa，钢板厚度 $t=20$ mm，拉力 $F=28$ kN，试确定该螺栓的直径。

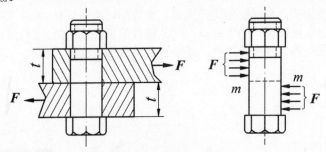

图 4-41　例题 4-10 图

解：（1）应用截面法可求出螺栓所受的剪力和挤压力

$$F_s = F_{bs} = F = 28 \text{ kN}$$

（2）由剪切强度条件设计螺栓的直径

$$\tau = \frac{F_s}{A} = \frac{F}{\frac{\pi d^2}{4}} \leqslant [\tau]$$

$$d \geqslant \sqrt{\frac{4F}{\pi[\tau]}} = \sqrt{\frac{4 \times 28 \times 10^3}{3.14 \times 100 \times 10^6}} = 0.0189 \text{ m}$$

（3）由挤压强度条件设计螺栓的直径

$$\sigma_{bs} = \frac{F_{bs}}{A_{bs}} = \frac{F}{td} \leqslant [\sigma_{bs}]$$

$$d \geqslant \frac{F}{t[\sigma_{bs}]} = \frac{28 \times 10^3}{20 \times 10^{-3} \times 200 \times 10^6} = 0.007 \text{ m}$$

综合剪切强度条件和挤压强度条件，显然螺栓直径 $d \geqslant 18.9$ mm。螺栓为标准件，故选取螺栓的直径 $d=20$ mm。

本章小结

1．基本概念与基本知识

（1）构件设计要求：具备足够的刚度、强度、稳定性。

（2）外力与内力：①外力，对于所研究的对象来说，其他构件作用于其上的力均为外力；②内力，材料力学所指的是附加内力。

（3）杆件变形基本形式：①轴向拉伸（压缩）；②剪切；③扭转；④弯曲。

2．轴向拉伸与压缩变形

（1）受力与变形特点。

（2）内力研究：截面法、轴力图。

（3）拉伸、压缩时的应力：

横截面上只有正应力，且均匀分布，横截面上正应力的计算公式为 $\sigma = \dfrac{F_N}{A}$ 。一般规定拉应力为正，压应力为负。

斜截面上的应力为　$\sigma_\alpha = \sigma \cos^2 \alpha$ ，$\tau_\alpha = \dfrac{\sigma}{2} \sin 2\alpha$ 。

3．材料在拉伸和压缩时的力学性能

材料的力学性能主要是指材料在外力作用下，在强度和变形方面表现出来的性质，它是通过实验进行研究的。

（1）低碳钢拉伸时的力学性能。变形共分四个阶段：弹性阶段（σ_p，σ_e）、屈服阶段（σ_s）、强化阶段（σ_b）、颈缩断裂阶段。

（2）其他塑性材料拉伸时的力学性能。对于没有明显屈服极限的塑性材料，可以将产生0.2%塑性应变时的应力作为屈服极限，称为名义屈服极限（$\sigma_{0.2}$）。

（3）铸铁拉伸时的力学性能。铸铁（脆性材料）断裂时的最大应力称为强度极限。

（4）低碳钢压缩时的力学性能。屈服前与拉伸相似，屈服后不会断裂。

（5）铸铁压缩时的力学性能。最后沿与轴线成45°的方向突然破坏。

4．拉压杆的变形

（1）变形方向：　轴向变形　$\Delta l = l_1 - l$ ；轴向线应变 $\varepsilon = \dfrac{\Delta l}{l}$ 。

横向变形　$\Delta d = d_1 - d$ ；横向线应变 $\varepsilon' = \dfrac{\Delta d}{d}$ 。

横向变形系数 $\mu = \left| \dfrac{\varepsilon'}{\varepsilon} \right|$ 。

（2）胡克定律：在比例极限范围内，正应力与正应变成正比。即

$$\sigma = E\varepsilon \quad \text{或} \quad \Delta l = \frac{F_N l}{EA}$$

5．拉压杆的强度计算

强度条件：$\sigma_{\max} = \dfrac{F_N}{A} \leqslant [\sigma]$ ；利用这个条件可以解决三个方面问题：①校核强度，②设计截面，③确定许可载荷。

6．应力集中

应力集中产生原因：构件的截面尺寸或形状发生突然改变，而在局部区域引起应力急剧增大的现象，称为应力集中。

7．连接件的实用计算

（1）剪切变形

剪力强度条件：$\tau = \dfrac{F_s}{A} \leqslant [\tau]$ ；利用这个条件可以解决三个方面问题：①校核强度，②设计截面，③确定许可载荷。

（2）挤压变形

挤压强度条件：$\sigma_{bs} = \dfrac{F_{bs}}{A_{bs}} \leqslant [\sigma_{bs}]$ ；利用这个条件可以解决三个方面问题：①校核强度，②设计截面，③确定许可载荷。

第 5 章　圆轴扭转

5.1　扭转的概念

在工程实际中，经常会遇到扭转变形的构件。如图 5-1 所示汽车方向盘的操纵杆，上端承受驾驶员作用在转向盘上的外力偶，下端 B 受到转向器的反力偶作用；又如图 5-2 所示钳工用来攻螺纹孔时的丝锥，上端受到由铰杆传来的力偶作用，下端受到工件的反力偶作用；它们主要都产生扭转变形。

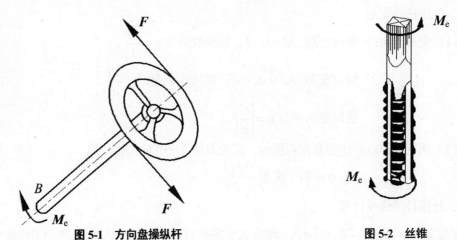

图 5-1　方向盘操纵杆　　　　　　　　　　　　　　　　图 5-2　丝锥

从以上扭转变形的实例可以看出，杆件产生扭转变形的受力特点是：**杆件两端都受到一对数值相等、转向相反、作用面垂直于杆轴线的力偶作用**。杆件的变形特点是：**杆上各横截面绕轴线产生相对转动**。以扭转变形为主的杆件称为**轴**。工程上轴的横截面多采用圆形截面或圆环形截面，本章主要研究圆轴的扭转问题。

5.2　扭矩和扭矩图

5.2.1　外力偶矩

工程实际中作用于轴上的外力偶矩通常并不直接给出，而只给出轴的转速和轴所传递的功率，它们的换算关系为：

$$M_e = 9549 \frac{P}{n} \tag{5-1}$$

式中，M_e —— 外力偶矩，单位为牛顿·米（N·m）；P —— 轴所传递的功率，单位为千瓦（kW）；n —— 轴的转速，单位为转/分钟（r/min）。

如果功率 P 为马力（ps），已知 1 马力=735.5 W，则外力偶矩的计算公式为：

$$M_e = 7024 \frac{P}{n} \qquad (5\text{-}2)$$

如图 5-3 所示的传动装置，设动力由带轮 A 输入，然后由右端的齿轮 B 输出。若已知轴的转速为 400 r/min，带轮 A 输入功率为 P_A=5 kW，则轴 AB 所传递的外力偶矩的值为：

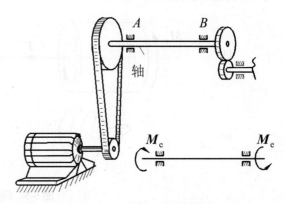

$$M_e = 9549 \times \frac{5}{400} = 119.4 \text{ N} \cdot \text{m}$$

在确定外力偶矩的方向时，应注意输入力偶矩为主动力矩，其方向与轴的转向相同；输出力偶矩为阻力矩，其方向与轴的转向相反。

图 5-3　传动装置

5.2.2　扭矩

若已知轴上作用的外力偶矩，就可以研究圆轴扭转时横截面上的内力。如图 5-4(a)所示的轴，在任意 *m-m* 截面处将轴切开，分为两段。取左段为研究对象[如图 5-4(b)所示]，因 A 端有外力偶的作用，为了保持左段轴的平衡，*m-m* 截面上必然存在一个内力系，且由这个内力系构成一个内力偶矩 T 与外力偶矩 M_e 相平衡，T 即横截面上的内力，称为**扭矩**。在国际单位中，扭矩的单位为牛顿•米（N•m）。

列平衡方程：

$\sum M_x = 0$，$T - M_e = 0$　得：$T = M_e$。

如以右段为研究对象[如图 5-4(c)所示]，求得扭矩与左段扭矩大小相等、转向相反，它们组成作用与反作用的关系。

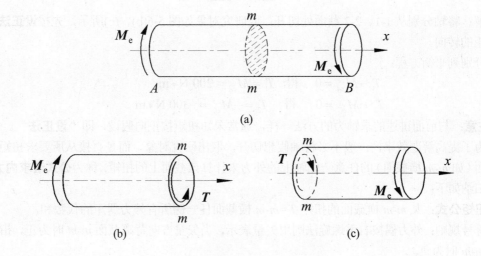

(a)

(b)　　　　　(c)

图 5-4　扭转内力分析

为了使左右两段求得的同一截面上的扭矩不但大小相等而且符号也相同，对扭矩的正负号做如下规定：**按右手螺旋法则将扭矩用矢量表示，当矢量方向与该截面的外法线方向一致时，T 为正；反之为负**（如图 5-5 所示）。

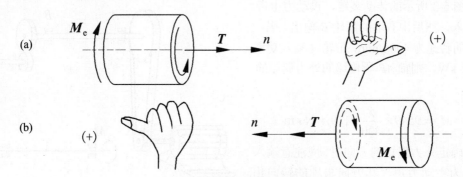

图 5-5　扭矩符号的规定

【例题 5-1】　　如图 5-6(a)所示，已知 $M_{eA}=200\,\text{N} \cdot \text{m}$ ，$M_{eB}=500\,\text{N} \cdot \text{m}$ ，$M_{eC}=300\,\text{N} \cdot \text{m}$ ，求 1-1 截面、2-2 截面的扭矩。

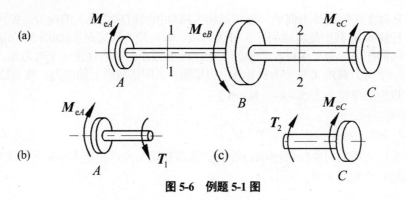

图 5-6　例题 5-1 图

解：将轴分别从 1-1、2-2 截面处切开，取研究对象如图 5-6(b)、(c)所示，先按**设正法**假定扭矩的转向。

分别列平衡方程：

$$T_1 - M_{eA} = 0 \quad 得：T_1 = M_{eA} = 200\,\text{N} \cdot \text{m}$$

$$T_2 + M_{eC} = 0 \quad 得：T_2 = -M_{eC} = -300\,\text{N} \cdot \text{m}$$

注意：与前面讲述的求轴力的方法一样，通常未知扭矩按正向假设，即 **"设正法"**。

为了提高解题效率，一般不必将轴假想切开，取出研究对象，而是直接从所要求扭矩的横截面（如 *m-m* 横截面）的任意一侧轴上的外力来计算该截面上的扭矩，称为**公式法求内力**。具体归纳如下：

扭矩公式：某 *m-m* 横截面的扭矩 $T=m\text{-}m$ 横截面任一侧所有外力偶矩的代数和。

符号规则：外力偶按右手螺旋法则用矢量表示，当矢量方向背离截面 *m-m* 时为正，指向截面 *m-m* 时为负。

简化公式：$T = \underset{\text{任一侧}}{\sum} \pm M_{ei}$ ；M_{ei} 按右手螺旋法则表示，背离截面为正；反之为负。

注意：此时的符号规则指的是外力偶符号规定。本方法可以参见下面的例题 5-2。

5.2.3　扭矩图

当轴上作用有多个外力偶矩时，扭矩沿轴线是变化的。为形象地表示扭矩沿轴线的变化情况，以平行于轴线的横坐标表示各截面位置，以垂直轴线的纵坐标表示相应截面上的扭矩，正扭矩画在横坐标的上方，负扭矩画在横坐标的下方，这样的图线称为**扭矩图**，其意义类似轴力图，不再赘述；下面举例说明。

【**例题 5-2**】　如图 5-7(a)所示，带轮传动装置，主动轮的输入功率 $P_B = 30\,\text{kW}$，从动轮的输出功率 $P_A = 14\,\text{kW}$，$P_C = 10\,\text{kW}$，$P_D = 6\,\text{kW}$，轴的转速 $n = 250\,\text{r/min}$，求作扭矩图。如果把轮 A 和轮 B 对调布置，如图 5-7(b)所示，则扭矩图又是如何？

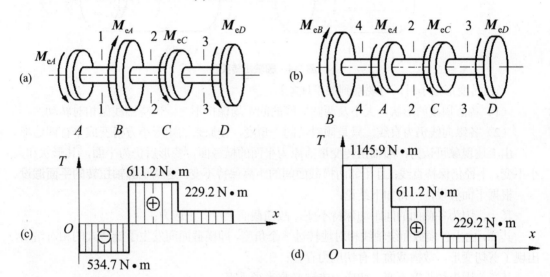

图 5-7　例题 5-2 图

解：（1）计算外力偶矩

$$M_{eA} = 9549\frac{P_A}{n} = 9549 \times \frac{14}{250} = 534.7\,\text{N} \cdot \text{m}，\quad M_{eB} = 9549\frac{P_B}{n} = 9549 \times \frac{30}{250} = 1145.9\,\text{N} \cdot \text{m}，$$

$$M_{eC} = 9549\frac{P_C}{n} = 9549 \times \frac{10}{250} = 382\,\text{N} \cdot \text{m}，\quad M_{eD} = 9549\frac{P_D}{n} = 9549 \times \frac{6}{250} = 229.2\,\text{N} \cdot \text{m}$$

（2）计算各段截面上的扭矩

列扭矩方程得

$$T_1 = -M_{eA} = -534.7\,\text{N} \cdot \text{m}，\quad T_2 = -M_{eA} + M_{eB} = 611.2\,\text{N} \cdot \text{m}，\quad T_3 = M_{eD} = 229.2\,\text{N} \cdot \text{m}$$

（3）画出扭矩图，如图 5-7(c)所示。

（4）把轮 A 和轮 B 对调，各段截面上的扭矩大家可以自己计算，其扭矩图如图 5-7(d)所示。由此可见，主、从动轮对调将会使轴的最大扭矩值发生改变。

5.3 圆轴扭转时的强度与刚度条件

5.3.1 圆轴扭转时横截面上的应力

圆轴扭转横截面上应力分布是比较复杂的，为此，可进行扭转实验。如图 5-8 所示，在圆轴表面画若干垂直于轴线的圆周线和平行于轴线的纵向线，两端施加一对大小相等、转向相反的外力偶，使圆轴发生扭转变形。

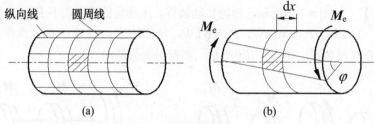

纵向线　圆周线

M_e　　M_e

(a)　　　　　　(b)

图 5-8　圆轴扭转实验

当扭转变形很小时，可观察到如下现象：

（1）各圆周线的形状、大小及两圆周线的间距均保持不变，仅绕轴线做相对转动；

（2）各纵向线仍为直线，只是倾斜了同一角度，使原来的矩形小方格变成平行四边形。

由上述现象可认为：圆轴扭转变形前原为平面的横截面，变形后仍为平面，其形状和大小不变，半径仍保持直线；且相邻两横截面间的距离保持不变。这就是**圆轴扭转的平面假设**。

根据平面假设，可得如下结论：

其一，因为各截面的间距均保持不变，故横截面上没有正应力；

其二，由于各横截面绕轴线相对地转过一个角度，即横截面间发生了旋转式的相对错动，出现了剪切变形，故横截面上有切应力存在；

其三，因半径长度不变，切应力方向必与半径垂直；

其四，圆心处变形为零，圆轴表面变形最大。

综上所述，圆轴扭转时其横截面上各点的切应变与该点至截面形心的距离成正比。由剪切胡克定律可知，横截面上必有与半径垂直并呈线性分布的切应力存在，如图 5-9 所示，故有 $\tau_\rho = K\rho$。

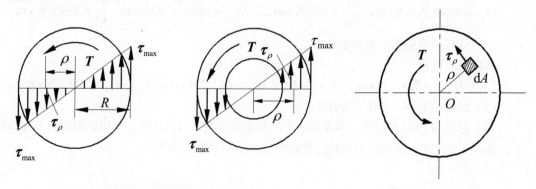

图 5-9　圆轴扭转时横截面上的应力分布　　　　**图 5-10　应力计算**

扭转切应力的计算如图 5-10 所示，在距离圆心为 ρ 处的微面积 $\mathrm{d}A$ 上作用有微内力 $\tau_\rho \mathrm{d}A$，它对截面圆心 O 的微力矩为 $\tau_\rho \mathrm{d}A \bullet \rho$，则整个横截面上所有微力矩之和应等于该横截面上的扭矩 T，故有

$$T = \int_A \rho \tau_\rho \mathrm{d}A = K \int_A \rho^2 \mathrm{d}A$$

将 $I_\mathrm{p} = \int_A \rho^2 \mathrm{d}A$ 定义为截面对圆心 O 的**极惯性矩**，单位为 m^4，它只与截面的尺寸有关，则

$$T = K I_\mathrm{p} = \frac{\tau_\rho I_\mathrm{p}}{\rho}$$

得

$$\tau_\rho = \frac{T\rho}{I_\mathrm{p}} \tag{5-3}$$

显然，当 $\rho = 0$ 时，$\tau = 0$；当 $\rho = R$ 时，即在截面的边缘上，切应力最大，其最大值为

$$\tau_{\max} = \frac{TR}{I_\mathrm{p}}$$

通常令 $\dfrac{I_\mathrm{p}}{R} = W_\mathrm{p}$，$W_\mathrm{p}$ 称为**抗扭截面系数**（或**模量**），单位为 m^3。因此有

$$\tau_{\max} = \frac{T}{W_\mathrm{p}} \tag{5-4}$$

式（5-3）及式（5-4）均以平面假设为基础推导而得，故只对圆轴且其 $\tau_{\max}$ 不超过材料的比例极限时方可应用。

对于直径为 d 的圆形截面，则

$$I_\mathrm{p} = \frac{\pi d^4}{32} \tag{5-5}$$

$$W_\mathrm{p} = \frac{I_\mathrm{p}}{d/2} = \frac{\pi d^3}{16} \tag{5-6}$$

对于空心圆截面，内径、外径之比为 $\alpha = \dfrac{d}{D}$，则

$$I_\mathrm{p} = \frac{\pi D^4}{32} - \frac{\pi d^4}{32} = \frac{\pi D^4}{32}(1 - \alpha^4) \tag{5-7}$$

$$W_\mathrm{p} = \frac{I_\mathrm{p}}{\dfrac{D}{2}} = \frac{\pi D^3}{16}(1 - \alpha^4) \tag{5-8}$$

5.3.2　圆轴扭转的强度计算

为了确保圆轴不发生破坏，其最大工作应力 $\tau_{\max}$ 不能超过材料的许用切应力 $[\tau]$。于是圆轴扭转时的强度条件为

$$\tau_{\max} = \frac{T_{\max}}{W_\mathrm{p}} \leqslant [\tau] \tag{5-9}$$

对于等截面的圆轴来说，最大的切应力发生在最大扭矩截面的外周边各点处。对于阶梯轴，由于 W_p 各段不同，$\tau_{\max}$ 不一定发生在 $|T|_{\max}$ 所在的截面上，因此需通过综合考虑 W_p 和

T 两因素来确定。

用式(5-9)可进行圆轴的强度校核、设计截面尺寸、确定许可载荷。

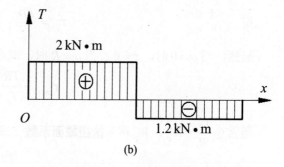

【例题 5-3】 如图 5-11(a)所示，阶梯轴 AB 段为实心，直径 $d_1 = 50$ mm；BD 段空心，外径 $D = 60$ mm，内径 $d = 40$ mm。外力偶矩 $M_{eA} = 2$ kN·m，$M_{eC} = 3.2$ kN·m，$M_{eD} = 1.2$ kN·m，材料许用切应力 $[\tau] = 90$ MPa，试校核轴的强度。

解：（1）分别求各段扭矩

AC 段：$T_1 = 2$ kN·m

CD 段：$T_2 = -1.2$ kN·m

画出扭矩图，如图 5-11(b)所示。

（2）强度校核

AB 段：

$$W_{p1} = \frac{\pi d_1^3}{16} = \frac{\pi \times 50^3 \times 10^{-9}}{16}$$
$$= 2.45 \times 10^{-5}\,\text{m}^3$$

图 5-11   例题 5-3 图

BC、CD 段：

$$W_{p2} = \frac{\pi D^3}{16} \times (1 - \alpha^4) = \frac{\pi \times 60^3 \times (1 - 0.667^4) \times 10^{-9}}{16} = 3.4 \times 10^{-5}\,\text{m}^3$$

由计算出的各段极惯性矩，结合各段扭矩值，可知最大切应力发生在轴的 AB 段。

AB 段：$\tau_{1max} = \dfrac{T_1}{W_{p1}} = \dfrac{2 \times 10^3}{2.45 \times 10^{-5}} = 81.6\ \text{MPa} < [\tau]$

可见，轴的强度足够。

【例题 5-4】 一汽车传动轴由无缝钢管制成，其外径 $D = 90$ mm，壁厚 $\delta = 2.5$ mm，材料为 45 号钢，许用切应力 $[\tau] = 60$ MPa，工作时承受最大外力偶矩 $M_e = 1.5$ kN·m。求：（1）校核轴的强度；（2）将轴改为实心轴，计算同条件下轴的直径；（3）比较实心轴与空心轴的重量。

解：（1）校核轴的强度

轴所受的扭矩值为

$$T = M_e = 1.5\ \text{kN·m}$$

$$\alpha = \frac{d}{D} = \frac{90 - 2 \times 2.5}{90} = 0.944$$

$$W_p = \frac{\pi D^3}{16}(1 - \alpha^4) = \frac{\pi \times 90^3}{16}(1 - 0.944^4) \times 10^{-9} = 2.95 \times 10^{-5}\,\text{m}^3$$

$$\tau_{max} = \frac{T}{W_p} = \frac{1.5 \times 10^3}{2.95 \times 10^{-5}} = 50.8\ \text{MPa} < [\tau]$$

故轴的强度符合要求。

（2）计算实心轴的直径。要使实心轴与空心轴承受相同的切应力 $\tau_{max} = 50.8\,\text{MPa}$，则两轴的抗扭截面系数必相等。设 W_{p1} 为实心轴的抗扭截面系数，W_p 为空心轴的抗扭截面系数，有

$$W_{p1} = W_p = 2.95 \times 10^{-5}\,\text{m}^3$$

则

$$\frac{\pi D_1^3}{16} = 2.95 \times 10^{-5}\,\text{m}^3$$

$$D_1 = \sqrt[3]{\frac{16 \times 2.95 \times 10^{-5}}{\pi}} = 53.2\,\text{mm}$$

（3）比较实心轴和空心轴的重量。实心轴与空心轴的材料、长度相同，重量之比等于横截面面积之比。设 A_1 为实心轴横截面面积，A 为空心轴横截面面积，有

$$\frac{A}{A_1} = \frac{D^2 - d^2}{D_1^2} = \frac{90^2 - 85^2}{53.2^2} = 0.31$$

由此可见，空心轴节省材料。从切应力分布规律来看，用空心轴时材料得到充分利用。

5.3.3　圆轴扭转的变形计算

圆轴扭转时，各横截面绕轴线转动，任意两横截面间相对转过的角度 φ 即为圆轴的扭转变形，φ 称为**扭转角**，如图 5-12 所示。

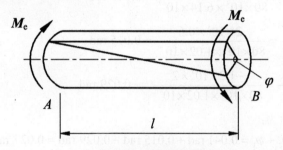

图 5-12　圆轴扭转变形

对某些重要的轴或者传动精度要求较高的轴，有时要进行扭转变形计算。由数学推导可得扭转角 φ 的计算式：

$$\varphi = \frac{Tl}{GI_p} \tag{5-10}$$

式中，φ —— 扭转角（rad）；T —— 某段轴的扭矩（N·m）；l —— 相应两截面间的距离（m）；G —— 轴材料的切变模量(Pa)；I_p —— 横截面间的极惯性矩(m^4)。

上式表明：扭转角 φ 与扭矩 T、轴长 l 成正比，与 GI_p 成反比。GI_p 是一个表征轴截面抵抗扭转变形的量，称为**截面抗扭刚度**。

为了消除轴的长度对变形的影响，引入单位长度的扭转角 θ，单位是度/米（°/m）表示，则上式为：

$$\theta = \frac{\varphi}{l} = \frac{T}{GI_p} \times \frac{180}{\pi}(°/\text{m}) \tag{5-11}$$

于是建立圆轴扭转的刚度条件为

$$\theta = \frac{\varphi}{l} = \frac{T}{GI_p} \times \frac{180}{\pi} \leqslant [\theta] \qquad (5\text{-}12)$$

$[\theta]$ 称为**单位长度许可扭转角**，单位为 °/m，可查相关手册，一般规定：

精密机床的轴 $[\theta] = 0.25 \sim 0.5(°/m)$，

一般传动轴 $[\theta] = 0.5 \sim 1.0(°/m)$，

精度较低的轴 $[\theta] = 1.0 \sim 2.5(°/m)$。

应用圆轴扭转的刚度条件可解决校核刚度、设计截面尺寸、确定许可载荷三个方面的问题。

【例题 5-5】 在例题 5-3 中，若材料切变模量 $G = 80\ GPa$，其他条件不变，试计算 AD 段的扭转角。

解：（1）依题意，应分别计算 AB、BC、CD 段的极惯性矩

AB 段：$I_{p1} = \dfrac{\pi d_1^4}{32} = \dfrac{\pi \times 50^4 \times 10^{-12}}{32} = 6.14 \times 10^{-7}\ m^4$

BC、CD 段：$I_{p2} = \dfrac{\pi}{32} \times (D^4 - d^4) = \dfrac{\pi \times (60^4 - 40^4) \times 10^{-12}}{32} = 1.02 \times 10^{-6}\ m^4$

（2）计算各段扭转角

AB 段：$\varphi_1 = \dfrac{T_1 l_{AB}}{GI_{p1}} = \dfrac{2 \times 10^3 \times 1}{80 \times 10^9 \times 6.14 \times 10^{-7}} = 0.041\ rad$

BC 段：$\varphi_2 = \dfrac{T_1 l_{BC}}{GI_{p2}} = \dfrac{2 \times 10^3 \times 0.6}{80 \times 10^9 \times 1.02 \times 10^{-6}} = 0.015\ rad$

CD 段：$\varphi_3 = \dfrac{T_2 l_{CD}}{GI_{p2}} = \dfrac{-1.2 \times 10^3 \times 2}{80 \times 10^9 \times 1.02 \times 10^{-6}} = -0.029\ rad$

故 AD 段的扭转角为：

$\varphi_{AD} = \varphi_1 + \varphi_2 + \varphi_3 = 0.041\ rad + 0.015\ rad - 0.029\ rad = 0.027\ rad$

【例题 5-6】 如图 5-13 所示传动轴，已知该轴转速 $n = 400\ r/min$，主动轮输入功率 $P_C = 40\ kW$，从动轮输出功率 $P_A = 5\ kW$，$P_B = 10\ kW$，$P_D = 25\ kW$，材料切变模量 $G = 80\ GPa$，许用切应力 $[\tau] = 40\ MPa$，$[\theta] = 1°/m$。试按强度条件和刚度条件设计此轴直径。

解：（1）求外力偶矩，得

$$M_{eA} = 9549 \times \frac{5}{400} = 119.4\ N \cdot m, \qquad M_{eB} = 9549 \times \frac{10}{400} = 238.7\ N \cdot m$$

$$M_{eC} = 9549 \times \frac{40}{400} = 954.9\ N \cdot m, \qquad M_{eD} = 9549 \times \frac{25}{400} = 596.8\ N \cdot m$$

（2）计算各段扭矩，画扭矩图

AB 段：$T_1 = -119.4\ N \cdot m$，　BC 段：$T_2 = -358.1\ N \cdot m$，CD 段：$T_3 = 596.8\ N \cdot m$。

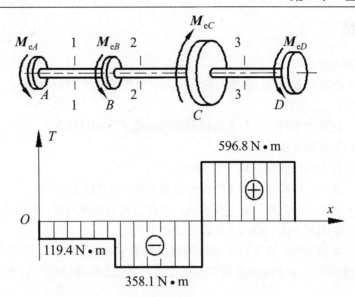

图 5-13　例题 5-6 图

由扭矩图可知，最大扭矩发生在轴的 CD 段，其值为 $T_{max} = 596.8\,\mathrm{N \cdot m}$。

（3）按强度条件设计轴的直径

由式（5-6）和（5-9），可得

$$d \geqslant \sqrt[3]{\dfrac{16T_{max}}{\pi[\tau]}} = \sqrt[3]{\dfrac{16 \times 596.8}{\pi \times 40 \times 10^6}} = 0.0424\,\mathrm{m}$$

（4）按刚度条件设计轴的直径

由式（5-5）和（5-12），可得

$$d \geqslant \sqrt[4]{\dfrac{32T_{max} \times 180}{\pi^2 G[\theta]}} = \sqrt[4]{\dfrac{32 \times 596.8 \times 180}{\pi^2 \times 80 \times 10^9 \times 1}} = 0.0457\,\mathrm{m}$$

为了同时满足轴的强度和刚度条件，取 $d = 46\,\mathrm{mm}$。

5.3.4　提高轴的强度与刚度的措施

在轴的扭转变形中，强度和刚度同等重要。无论是校核计算，还是选择截面尺寸，或者是确定许可载荷，都要从强度和刚度两个方面同时进行。通过前面的分析，要提高圆轴扭转的强度和刚度，可以从降低 T_{max} 和增大 I_p 或 W_p 等方面来考虑。因此可以采取如下措施：

（1）为了降低 T_{max}，可以合理布置主动轮与从动轮的位置，参见例题 5-2；

（2）从切应力分布来看（如图 5-9 所示），由于横截面上某点的切应力的大小与该点到轴心（圆心）的距离成正比，所以实心轴内层靠近轴线部分所受的切应力很小，材料没有充分发挥作用，因此，若在截面积相同的情况下，将圆心部分材料省去，加在外缘上成为外径更大的空心圆，这样能提高轴的 I_p 和 W_p，使轴的强度和刚度有较大提高，材料得到充分利用，但外观尺寸会比较大。

本章小结

1．基本知识

（1）扭转受力特点：杆件两端都受到一对数值相等、转向相反、作用面垂直于杆轴线的力偶作用。

（2）扭转变形特点：杆上各横截面绕轴线产生相对转动。

2．扭矩和扭矩图

（1）外力偶矩计算：$M_e = 9549\, P/n$。

（2）扭矩：材料内部用于平衡外力偶矩所产生的力偶作用。

　①方向的判断：右手螺旋法，大拇指背离截面为正；反之为负。

　②求解方法：截面法和设正法；公式法。

　③扭矩图：以平行于轴线的横坐标表示各截面位置，以垂直轴线的纵坐标表示相应截面上的扭矩，正扭矩画在横坐标的上方，负扭矩画在横坐标的下方，这样的图线称为扭矩图。

3．强度与刚度计算

（1）圆轴横截面上的切应力：$\tau_\rho = \dfrac{T\rho}{I_p}$。

　　实心圆轴：$I_p = \dfrac{\pi d^4}{32}$，空心圆轴：$I_p = \dfrac{\pi D^4}{32} - \dfrac{\pi d^4}{32} = \dfrac{\pi D^4}{32}(1 - \alpha^4)$。

（2）强度条件：$\tau_{max} = \dfrac{T_{max}}{W_p} \leqslant [\tau]$。

　　实心圆轴：$W_p = \dfrac{I_p}{d/2} = \dfrac{\pi d^3}{16}$，空心圆截面：$W_p = \dfrac{I_p}{\dfrac{D}{2}} = \dfrac{\pi D^3}{16}(1 - \alpha^4)$；$\alpha = \dfrac{d}{D}$。

　　利用这个条件可以解决三个方面问题：①强度校核，②设计截面，③确定许可载荷。

（3）刚度条件：$\theta = \dfrac{\varphi}{l} = \dfrac{T}{GI_p} \times \dfrac{180}{\pi} \leqslant [\theta]$。

　　利用这个条件可以解决三个方面问题：①刚度校核，②设计截面，③确定许可载荷。

（4）提高强度与刚度的措施：①合理布置主、从动轮（降低 T_{max}）；②提高轴的抗扭截面系数（采用空心圆截面形状）。

第 6 章　梁的弯曲内力

6.1　弯曲的概念

6.1.1　弯曲变形的概念

工程实际中，存在许多的受弯杆件，如图 6-1、6-2 所示的火车轮轴和桥式起重机大梁。这些杆件受力都有一个共同特点：**杆件受到垂直于杆轴线的外力（即横向力）作用或作用面在轴线所在平面的外力偶**（如图 6-4 所示）**的作用**。在这样的外力作用下，杆件变形的特点是：**杆件的轴线由原来的直线变为曲线**，这种变形称为**弯曲变形**。凡以弯曲为主要变形的杆件，称为**梁**。

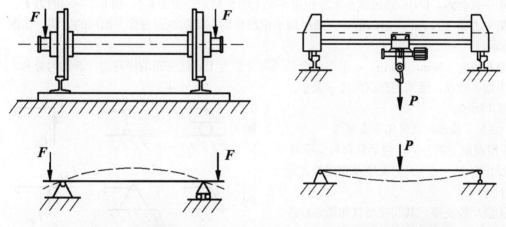

图 6-1　火车轮轴　　　　　　　　　　　图 6-2　桥式起重机

如图 6-3 所示是梁常见的截面形状，其横截面上都有一根对称轴，它与杆件轴线形成整个杆件的纵向对称面（如图 6-4 所示）。当作用于梁上的所有外力都在纵向对称面内时，变形后的轴线也将是位于这个对称面内的一条曲线。这是弯曲中最常见而且是最基本的情况，我们把它称为**对称弯曲**，也称为**平面弯曲**。本章仅研究平面弯曲的梁。

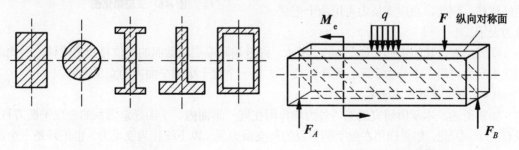

图 6-3　常见截面形状　　　　　　　　　图 6-4　对称弯曲梁

6.1.2 梁的计算简图及分类

梁上的载荷和支承情况一般都比较复杂，为便于分析和计算，须对梁进行简化。

（1）梁本身的简化

无论梁的截面形状多么复杂，通常以梁的轴线代替实际的梁，梁的横截面形状单独标出，如图 6-5 所示。

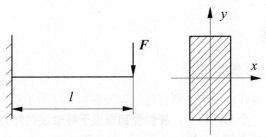

图 6-5　梁的简化

（2）载荷的简化

集中载荷(N，kN)：通过微小梁段作用在梁上的横向力，如图 6-1、图 6-2 所示的力 F。

集中力偶（N•m，kN•m）：通过微小梁段作用在梁的纵向对称平面内的力偶，如图 6-4 所示。

分布载荷（N/m，kN/m）：沿梁的全长或部分长度上连续分布的横向力。若均匀分布，则称为均布载荷，通常用载荷集度 q 表示，如图 6-4 所示。

（3）支座形式的简化与支反力

作用在梁上的外力，包括载荷与支座对梁的反作用力。最常见的支座及相应的支反力如下：

①活动铰支座，其简化形式如图 6-6(a)所示。这种支座只限制梁在支承处沿垂直于支承面的线位移，因此，在支承处只有一个约束反作用力。

②固定铰支座，其简化形式如图 6-6(b)所示。这种支座限制梁在支承处沿任何方向的线位移，因此，相应支反力可用两个正交分力表示。

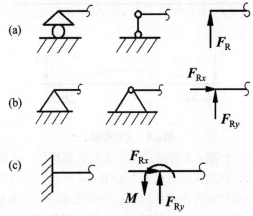

图 6-6　支座简化图

③固定端，其简化形式如图 6-6(c)所示。固定端限制梁端截面的线位移和角位移，因此，相应支反力可用三个分力表示：两个正交分力和一个位于梁轴平面内的支反力偶。

（4）静定梁的基本形式

如前所述，本章所研究的梁，外力均作用在同一平面内。平面任意力系的独立平衡方程只有三个，因此，如果作用在梁上的支反力与支反力偶（以下统称为支反力）也正好是三个，则恰可由平衡方程求出。利用静力学平衡方程可确定全部支反力的梁，称为**静定梁**。常见的静定梁有以下三种基本形式：

　　①简支梁：一端固定铰支座，另一端为活动铰支座的梁[如图 6-7(a)所示]。

　　②外伸梁：具有一端或两端外伸部分的简支梁[如图 6-7(b)所示]。

　　③悬臂梁：一端固定，另一端自由的梁[如图 6-7(c)所示]。

　　仅靠平衡方程尚不能确定全部支反力的梁，称为**静不定梁**或**超静定梁**。

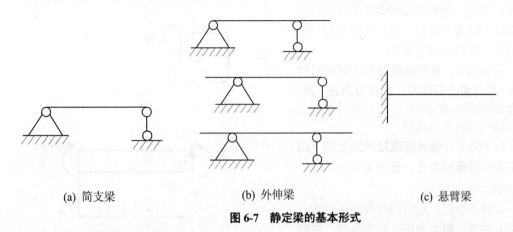

(a) 简支梁　　　　　　　　(b) 外伸梁　　　　　　　　(c) 悬臂梁

图 6-7　静定梁的基本形式

6.2　梁的弯曲内力——剪力和弯矩

6.2.1　梁的内力

　　前面已经介绍过用截面法求内力的步骤。当梁的外力（包括载荷和约束反力）已知时，可用截面法求内力。

　　如图 6-8 所示悬臂梁，已知 l、F，则该梁的约束反力可由静力平衡方程求得，$F_B = F$，$M_B = Fl$ 现分析任一横截面 $m\text{-}m$ 上的内力。假设该截面离梁左端的距离为 x。

　　利用截面法，沿截面 $m\text{-}m$ 将梁假想地切开，并选任一段，例如左段[如图 6-8(b)所示]，作为研究对象。由于梁处于平衡状态，梁的左段也应是平衡的。作用于左段上的力，除了外力 F 外，在截面 $m\text{-}m$ 上还应有右段对它作用的内力。把这些外力和内力投影到 y 轴，其总和应等于零。列平衡方程

$$\sum F_y = 0, \qquad F - F_s = 0$$

即
$$F_s = F \tag{6-1}$$

式中，F_s 称为横截面 $m\text{-}m$ 上的**剪力**。它是与横截面相切的分布内力系的合力。

　　若把左段上所有外力和内力对截面 $m\text{-}m$ 的形心 O 取矩，其力矩总和应等于零。列平衡方程 $\sum M_O(\boldsymbol{F}) = 0$ 可得

$$M - Fx = 0$$

即
$$M = Fx \tag{6-2}$$

式中，M 称为横截面 $m\text{-}m$ 上的**弯矩**。它是与截面 $m\text{-}m$ 垂直的分布内力系的合力偶矩。剪力和弯矩统称为**弯曲内力**。

若取右段为研究对象，用同样的方法也可求得横截面 $m\text{-}m$ 上的剪力和弯矩，它们的大小与左段上的相同，方向（或转向）相反。因此，为使无论取哪段得到的同一横截面上的内力符号一致，现对剪力和弯矩的正负符号做规定如下：

对于剪力：**其所在截面外法线顺时针转 $90°$ 后与剪力同向时，此剪力为正；反之为负**[如图 6-9(a)所示]。此正负号规则也符合切应力的符号规则。

对于弯矩：**使分离梁段产生上凹下凸弯曲变形的弯矩为正，反之为负**[如图 6-9(b)所示]。

为便于记忆，也可归纳为如下口诀：

"左上右下，剪力为正，反之为负；左顺右逆，弯矩为正，反之为负"。

显然，按上述的规定，图 6-8 所示的截面 $m\text{-}m$，无论取梁的左段还是右段为研究对象，剪力和弯矩符号为正。

【例题 6-1】 如图 6-10(a)所示外伸梁，已知 F、a，且 $M_e = \dfrac{1}{2}Fa$，求指定截面 1-1，2-2，3-3，4-4 的剪力和弯矩值。（说明：1、2 截面和 3、4 截面的间距趋于无穷小量。）

解：（1）计算梁的支座反力。

设支座 B 与 D 处的铅垂支反力 F_B 和 F_D 方向均向上[如图 6-10(a)所示]，由静力平衡方程求得：

$$F_{RB} = \frac{5F}{4}(\uparrow)\,, \qquad F_{RD} = -\frac{F}{4}(\downarrow)$$

（2）计算各指定截面的剪力和弯矩。

将梁分别在 1-1，2-2，3-3，4-4 截面切开，取出各研究对象如图 6-10(b)、(c)、(d)、(e)，剪力和弯矩按**"设正法"**先假设，列平衡方程如下：

1-1 截面：

$$\sum F_y = 0\,, \quad -F - F_{s1} = 0$$

$$\sum M = 0\,, \quad M_1 + Fa = 0$$

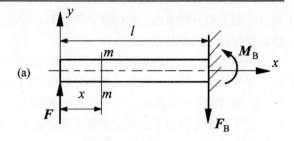

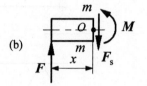

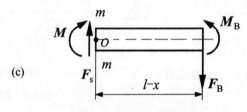

图 6-8 梁的剪力与弯矩

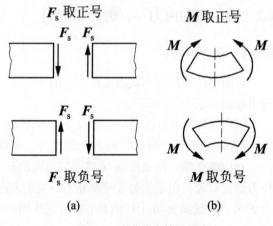

图 6-9 弯曲内力符号规定

解得：$F_{s1} = -F$，$M_1 = -Fa$

2-2 截面：

$\sum F_y = 0$，$-F - F_{s2} + F_{RB} = 0$

$\sum M = 0$，$M_2 + Fa = 0$

解得：$F_{s2} = \dfrac{1}{4}F$，$M_2 = -Fa$

3-3 截面：

$\sum F_y = 0$，$F_{s3} + F_{RD} = 0$

$\sum M = 0$，$-M_3 + F_{RD} \cdot a = 0$

解得：$F_{s3} = \dfrac{1}{4}F$，$M_3 = -\dfrac{1}{4}Fa$

4-4 截面：

$\sum F_y = 0$，$F_{s4} + F_{RD} = 0$

$\sum M = 0$，

$-M_4 + F_{RD} \cdot a - M_e = 0$

解得：$F_{s4} = \dfrac{1}{4}F$，$M_4 = -\dfrac{3}{4}Fa$

注意：与前面讲述的求轴力和扭矩的方法一样，通常未知剪力和弯矩均按正向假设，即"**设正法**"。

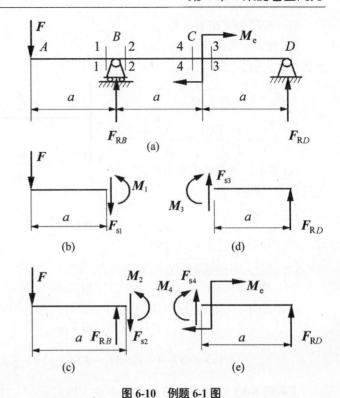

图 6-10　例题 6-1 图

为了提高解题效率，一般不必将梁假想截开，取出研究对象，而是直接从所要求内力的横截面的任意一侧梁上的外力来计算该截面上的剪力和弯矩，称为**公式法求内力**。具体归纳如下：

（1）**剪力公式**：

某横截面 x 处的剪力 $F_s(x)$ 等于该横截面 x 处任一侧所有横向外力的代数和。

符号规则：视梁轴线为水平，如取截面左侧所有横向外力之代数和，则外力向上为正；如取截面右侧，则向下为正。其简化公式如下：

$$F_S(x) = \sum_{任一侧} \pm F_i; \quad F_i \text{ 为横向外力，左上、右下 } F_i \text{ 为正} \qquad (6\text{-}3)$$

（2）**弯矩公式**：

某横截面 x 处的弯矩 $M(x) =$ 该横截面 x 任一侧所有外力（包括外力偶）对该截面形心之矩的代数和。

符号规则：如取截面左侧外力（包括外力偶）之矩代数和，则顺时针为正；如取截面右侧外力（包括外力偶）之矩代数和，则逆时针为正。其简化公式如下：

$$M(x) = \sum_{任一侧} \pm M_O(F); \text{ 左顺，右逆；} M_O(F), M_e \text{ 为正} \qquad (6\text{-}4)$$

注意：此时的符号规则指的是外力符号规定，但其与剪力和弯矩符号规定恰好一致。

【**例题 6-2**】　如图 6-11 所示悬臂梁，已知 q、a，且 $F = 2qa$，$M_e = 2qa^2$，求指定截面 1-1，2-2，3-3，m-m 的剪力和弯矩值。（说明：1、2 截面和 3、C 截面的间距趋于无穷小量。）

解：应用公式法求内力

1-1 截面：考虑该截面右段上的外力，得：

$$F_{s1} = F - qa = qa$$

$$M_1 = qa \cdot \frac{1}{2}a - M_e = -\frac{3}{2}qa^2$$

2-2 截面：考虑该截面右段上的外力，得：

$$F_{s2} = -qa ,$$

$$M_2 = qa \cdot \frac{1}{2}a - M_e = -\frac{3}{2}qa^2$$

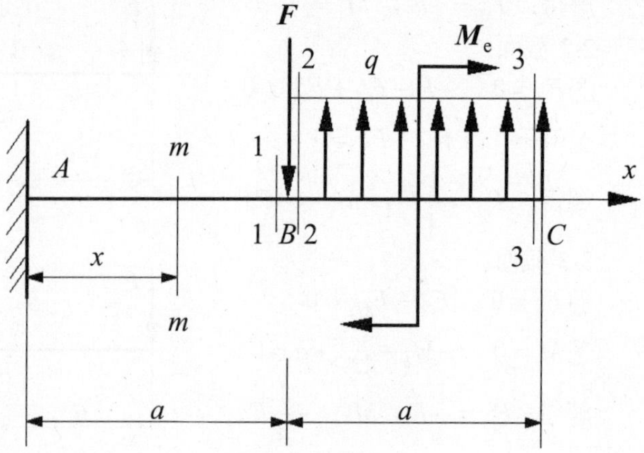

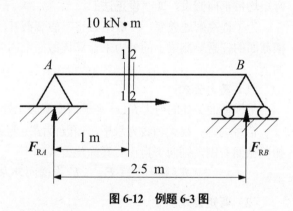

图 6-11　例题 6-2 图

3-3 截面：考虑该截面右段上的外力，得：

$$F_{s3} = 0 , \qquad M_3 = 0$$

m-m 截面：考虑该截面右段上的外力，得：

$$F_s(x) = F - qa = qa \qquad\qquad (0<x<a)$$

$$M(x) = qa(\frac{3}{2}a - x) - M_e - F(a-x) = -\frac{5}{2}qa^2 + qax \qquad (0 \leqslant x \leqslant a)$$

【例题 6-3】　如图 6-12 所示，求梁中指定截面 1-1，2-2 上的剪力和弯矩。

解：（1）计算梁的支座反力

设支座 A 与 B 处的铅垂支反力 F_A 和 F_B 方向均向上，由静力平衡方程求得：

$$F_{RA} = 4 \text{ kN} (\uparrow), \ F_{RB} = -4 \text{ kN} (\downarrow)$$

（2）应用公式法求内力

1-1 截面：考虑该截面左段上的外力

$$F_{s1} = F_{RA} = 4 \text{ kN}$$

$$M_1 = F_{RA} \times 1 = 4 \text{ kN} \cdot \text{m}$$

2-2 截面：考虑该截面右段上的外力

$$F_{s2} = -F_{RB} = -(-4) = 4 \text{ kN}$$

$$M_2 = F_{RB} \times (2.5 - 1) = (-4) \times 1.5 = -6 \text{ kN} \cdot \text{m}$$

图 6-12　例题 6-3 图

6.2.2　剪力方程和弯矩方程，剪力图和弯矩图

从前面的讨论看出，一般情况下，在梁的不同横截面或不同梁段内，剪力和弯矩均不相同。如果横截面在轴线上的位置用横坐标 x 表示，则梁各横截面上的剪力和弯矩可表示为坐标 x 的函数，如公式（6-1）、（6-2），例题 6-2 所求的 m-m 截面的内力，即

$$F_s = F_s(x)$$

$$M = M(x)$$

上面的函数表达式，分别称为梁的**剪力方程**和**弯矩方程**。

与前面绘制轴力图和扭矩图一样，这里也可以用图线表示梁的各个横截面上剪力和弯矩沿轴线变化的情况。作图时，以平行于梁轴线的横坐标 x 表示横截面的位置，以纵坐标表示相应截面上的剪力和弯矩，正值画在 x 轴上方，负值画在 x 轴下方，分别绘制出剪力和弯矩沿梁轴线变化的图线，这种图线分别称为**剪力图**和**弯矩图**。

【例题 6-4】　如图 6-13(a)所示，简支梁受集中力 F 作用，试列出梁的剪力方程和弯矩方程，并作剪力图和弯矩图。（设 $a<b$）

解：（1）计算支座约束力

设支座 A 与 B 处的铅垂支反力 F_A 和 F_B 方向均向上，由静力平衡方程求得：

$$F_{RA} = \frac{Fb}{l}(\uparrow), \quad F_{RB} = \frac{Fa}{l}(\uparrow)$$

（2）列出梁的剪力方程和弯矩方程

根据梁的受载情况，将梁分为 AC、CB 两段，分别列其剪力方程和弯矩方程

AC 段：

$$F_s(x) = \frac{Fb}{l} \qquad (0<x<a)$$

$$M(x) = \frac{Fb}{l}x \qquad (0\leqslant x\leqslant a)$$

CB 段：

$$F_s(x) = -\frac{Fa}{l} \qquad (a<x<l)$$

$$M(x) = \frac{Fa}{l}(l-x) \qquad (a\leqslant x\leqslant l)$$

（3）作剪力图和弯矩图[如图 6-13(b)、(c)所示]。

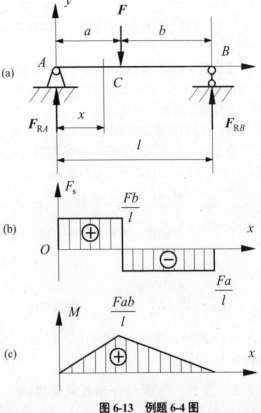

图 6-13　例题 6-4 图

【例题 6-5】　如图 6-14(a)所示，简支梁受集中力偶作用，试列出梁的剪力和弯矩方程，并作剪力图和弯矩图。

解：（1）计算支座的反力

设支座 A 与 B 处的铅垂支反力 F_A 和 F_B 方向均向上，由静力平衡方程求得：

$$F_{RA} = -\frac{M_e}{l}(\downarrow), \quad F_{RB} = \frac{M_e}{l}(\uparrow)$$

（2）列出梁的剪力方程和弯矩方程

剪力方程：$F_s(x) = -\dfrac{M_e}{l}$ 　　　　$(0<x<l)$

根据梁的受载情况，将梁分为 AC、CB 两段，分别列其弯矩方程

AC 段：

$$M(x) = -\frac{M_e}{l}x \qquad (0 \leqslant x < a)$$

CB 段：

$$M(x) = -\frac{M_e}{l}x + M_e = \frac{M_e}{l}(l-x)$$

$$(a < x \leqslant 1)$$

（3）作剪力图和弯矩图[如图 6-14(b)、(c)所示]。

【例题 6-6】　如图 6-15(a)所示，简支梁均布载荷作用，试列出梁的剪力和弯矩方程，并作剪力图和弯矩图。

解：（1）计算支座的反力

设支座 A 与 B 处的铅垂支反力 F_A 和 F_B 方向均向上，由静力平衡方程求得：

$$F_{RA} = \frac{ql}{2}(\uparrow), \quad F_{RB} = \frac{ql}{2}(\uparrow)$$

（2）列出梁的剪力方程和弯矩方程

$$F_s(x) = \frac{ql}{2} - qx \qquad (0 < x < l)$$

$$M(x) = \frac{ql}{2}x - \frac{q}{2}x^2 \qquad (0 \leqslant x \leqslant 1)$$

（3）作剪力图和弯矩图[如图 6-15(b)、(c)所示]。

6.2.3　剪力、弯矩与分布载荷集度间的微分关系

研究表明：梁横截面上的剪力、弯矩和作用于该截面处的载荷集度之间存在着一定的关系。

如图 6-16(a)所示，设梁上作用着任意载荷，坐标原点选在梁的左端截面形心（及支座 A 处），x 轴向右为正，分布载荷以向上为正。

考察承受分布载荷、长 dx 的微小梁段的受力与平衡[如图 6-16(b)所示]。截面内力 F_s、M 均按正向假设。在 $x+dx$ 截面上，F_s、M 均有相应的增量。由平衡方程可得

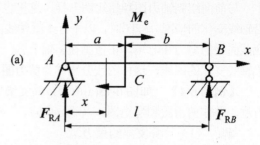
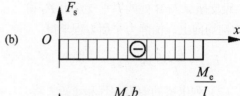
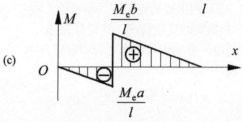

图 6-14　例题 6-5 图

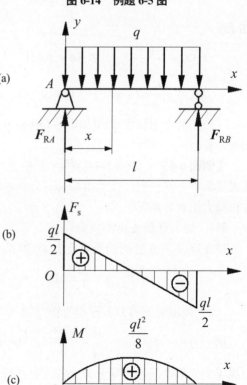

图 6-15　例题 6-6 图

$$\sum F_y = 0, \quad F_s(x) + q(x)\mathrm{d}x - [F_s(x) + \mathrm{d}F_s(x)] = 0$$

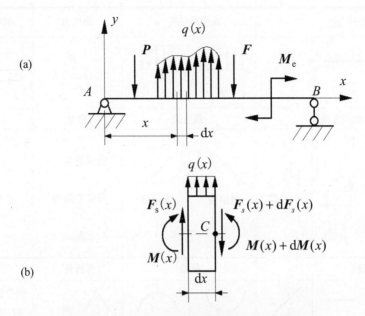

图 6-16　剪力、弯矩与载荷集度三者之间的关系

从而得到
$$\frac{\mathrm{d}F_s(x)}{\mathrm{d}x} = q(x) \tag{6-5}$$

$$\sum M_C(\boldsymbol{F}) = 0, \quad [M(x)+\mathrm{d}M(x)] - M(x) - F_s(x)\mathrm{d}x - q(x)\mathrm{d}x \cdot \frac{\mathrm{d}x}{2} = 0$$

上式中略去二阶无穷小，整理后得到
$$\frac{\mathrm{d}M(x)}{\mathrm{d}x} = F_s(x) \tag{6-6}$$

从式（6-5）和（6-6）两公式又可得到如下关系：
$$\frac{\mathrm{d}^2 M(x)}{\mathrm{d}x^2} = \frac{\mathrm{d}F_s(x)}{\mathrm{d}x} = q(x) \tag{6-7}$$

上式表明了同一横截面处剪力 $F_s(x)$、弯矩 $M(x)$ 与载荷集度 $q(x)$ 三者之间的微分关系。根据它们三者之间的微分关系，可以归纳出剪力、弯曲图的特征，如表 6-1 所示。

【**例题 6-7**】　如图 6-17(a)所示，外伸梁受力 $q = 4\,\mathrm{kN/m}$，$F = 16\,\mathrm{kN}$，$l = 2\,\mathrm{m}$，画其剪力图和弯矩图。

解：（1）求支反力。

取梁整体为研究对象，设 B、D 支座的约束反力均铅垂向上，由静力平衡方程可得：
$$F_{RB} = 18\,\mathrm{kN}\ （\uparrow）, \qquad F_{RD} = 6\,\mathrm{kN}\ （\uparrow）$$

（2）分段。将梁按所受的载荷情况分为 AB、BC、CD 三段。

计算各段控制点所在横截面的剪力和弯矩值（截面上的剪力和弯矩值可按上述介绍的公式法求内力来计算）。

AB 段：有 2 个控制点，即 A 截面右侧（用 $A+$ 表示，其从 A 截面右侧无限接近 A 点）和

B 截面左侧（用 B–表示，其从 B 截面左侧无限接近 B 点）；下面分别求这 2 点的内力。

表 6-1 剪力、弯矩图特征表

	无外力段	均布载荷段		集中力	集中力偶
外力	——————— $q=0$	↑↑↑↑↑ $q>0$	↓↓↓↓↓ $q<0$	F C	M_e C
	水平直线	斜直线		有突变	无变化
F_s 图特征	F_s x $F_s>0$ ／ F_s x $F_s=0$ ／ F_s x $F_s<0$	增函数	减函数	突变值为 F，突变方向与 F 一致。	C 左右无变化
	斜直线	曲线		有折角	有突变
M 图特征	／ 增函数 — 常数 ＼ 减函数	下凸	上凸	∧ 或 ∨ 斜率突变	突变值为 M_e，M_e 逆时针，M 图向下突变，否则反之。

先求截面 A+处的内力，从该处截开，取出左段（如附加图 I 所示），以后为了简便，不画出分离体图，可以想象直接从 A+截面往左侧看线段上所有作用的外力，称为"看左侧"。利用公式法求内力：

$$F_{sA+} = 0 , \quad M_{A+} = 0 \quad (\mathrm{d}x \to 0)$$

同理，在此不画出分离体图了，直接"看左侧"，可以求得截面 B–的内力：

$$F_{sB-} = -ql = -4 \times 2 = -8 \text{ kN}$$

$$M_{B-} = -ql \cdot \frac{l}{2} = -\frac{4 \times 2^2}{2} = -8 \text{ kN} \cdot \text{m}$$

BC 段：有 2 个控制点，即截面 B+ 和截面 C–，在此不画出分离体图了，直接"看左侧"，分别求得这两截面的内力：

$$F_{sB+} = -ql + F_{RB} = -4 \times 2 + 18 = 10 \text{ kN} = F_{sC-}$$

$$M_{B+} = M_{B-} = -8 \text{ kN} \cdot \text{m}$$

$$M_{C-} = -ql \cdot \frac{3l}{2} + F_{RB} \cdot l = -\frac{4 \times 3 \times 2^2}{2} + 18 \times 2 = 12 \text{ kN} \cdot \text{m}$$

CD 段：有 2 个控制点，即截面 C+和截面 D–。

先求截面 C+处的内力，从该处截开，取出右段（如附加图 II 所示），以后为了简便，不画出分离体图，可以想象直接从截面 C+往右侧看线段上所有作用的外力，称为"看右侧"。

附加图 I

利用公式法求内力：

$$F_{sC+} = -F_{RD} = -6 \text{ kN}$$

$$M_{C+} = F_{RD} \cdot l = 6 \times 2 = 12 \text{ kN} \cdot \text{m}$$

同理，直接"看右侧"，可以求得截面 D- 的内力：

$$F_{sD-} = -F_{RD} = -6 \text{ kN} \qquad M_{D-} = 0$$

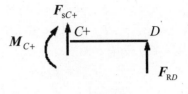

（3）连线并画出剪力图和弯矩图。将计算出的各
截面的内力分别标注在剪力图和弯矩图的相应位置

附加图 II

上，再根据表 6-1 所列出特征，判断各段剪力和弯矩
图的形状，连接相邻的两点，画出剪力和弯矩图，如图 6-17(b)、(c)。本题只有 AB 段上有向
下的均布载荷，其相应的剪力图和弯矩图分别为向下斜的斜直线和开口向下的抛物线。其余
BC、CD 段上均无分布载荷，故这两段的剪力图和弯矩图均为直线。

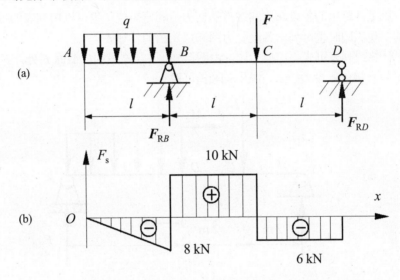

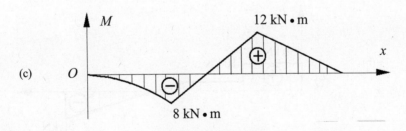

图 6-17　例题 6-7 图

【例题 6-8】　如图 6-18(a)所示，简支梁受力 $q = 10 \text{ kN/m}$，$F = 20 \text{ kN}$，$M_e = 40 \text{ kN} \cdot \text{m}$，
画出其剪力图和弯矩图。

解：（1）求支反力。

取梁整体为研究对象，设 A、B 支座的约束反力均铅垂向上，由静力平衡方程可得

$$F_{RA} = 30 \text{ kN} （\uparrow）, \qquad F_{RB} = 30 \text{ kN} （\uparrow）$$

（2）分段。将梁按所受的载荷情况分为 AC、CD、DB 三段。

计算各段控制点所在横截面的剪力和弯矩值（截面上的剪力和弯矩值可按上述介绍的公

式法求内力计算），并将结果标注在剪力图和弯矩图的相应位置上：

AC 段(看左侧)：

$$F_{sA+} = F_{RA} = 30 \text{ kN} \qquad M_{A+} = 0$$

$$F_{sC-} = F_{RA} = 30 \text{ kN} \qquad M_{C-} = F_{RA} \times 2 = 30 \times 2 = 60 \text{ kN} \cdot \text{m}$$

CD 段(看左侧)：

$$F_{sC+} = F_{RA} - F = 30 - 20 = 10 \text{ kN} = F_{sD-}$$

$$M_{C+} = F_{RA} \times 2 = 30 \times 2 = 60 \text{ kN} \cdot \text{m}$$

$$M_{D-} = F_{RA} \times 4 - F \times 2 = 30 \times 4 - 20 \times 2 = 80 \text{ kN} \cdot \text{m}$$

DB 段(看右侧)：

$$F_{sD+} = -F_{RB} + q \times 4 = -30 + 10 \times 4 = 10 \text{ kN} \qquad M_{D+} = 40 \text{ kN} \cdot \text{m}$$

$$F_{sB-} = -F_{RB} = -30 \text{ kN} \qquad M_{B-} = 0 \text{ kN} \cdot \text{m}$$

注意：以上计算出的各段起点和终点的剪力值和弯矩值，也可以用列表的形式标出，这样能更简洁直观。同时也可列出各段剪力图和弯矩图的特征表。

从以上计算或列表可先画出剪力图。由图可知，在 DB 段的横截面 E 处，F_s 为零，说明弯矩图在 E 处有极值，设 $DE=x$，由图 6-18(b)可得

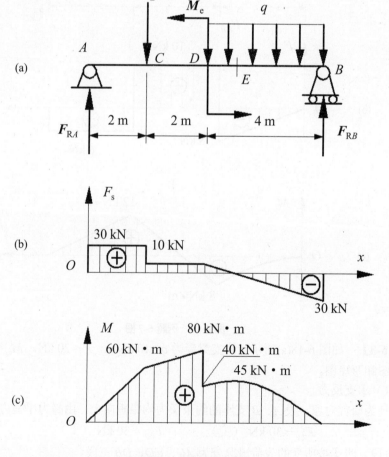

图 6-18　例题 6-8 图

$$x : (4 - x) = 10 : 30$$

$$x = 1 \text{ m}$$

再计算横截面 E 处的弯矩值（即 DB 段抛物线的极值）

$$M_E = F_{RB} \times 3 - q \times 3 \times \frac{3}{2} = 30 \times 3 - 10 \times 3 \times 1.5 = 45 \text{ kN} \cdot \text{m}$$

（3）连线并画出剪力图和弯矩图。按各区段是否有分布载荷，判断各段的大致形状，连接相邻的两点，即得剪力图和弯矩图[如图 6-18(b)、(c)所示]。本题只有 DB 段上有向下的均布载荷，其相应的剪力图和弯矩图分别为向下斜的斜直线和开口向下的抛物线。其余 BC、CD 段上均无分布载荷，故这两段的剪力图和弯矩图均为直线。

本章小结

1. 弯曲的概念

（1）弯曲的受力特点：杆件受到垂直于杆轴线的外力（即横向力）作用或作用面在轴线所在平面的外力偶的作用。杆件变形的特点是：杆件的轴线由原来的直线变为曲线。

（2）静定梁及其分类：简支梁、外伸梁、悬臂梁。

2. 剪力和弯矩

（1）剪力符号规定：左上右下为正。

（2）弯矩符号规定：左顺右逆为正。

（3）大小的求解：

　　①截面法和设正。

　　②公式法：

$$剪力 \, F_s(x) = \sum_{任一侧} \pm F_i; \quad F_i \, 为横向外力，左上、右下 \, F_i \, 为正。$$

$$弯矩 \, M(x) = \sum_{任一侧} \pm M_O(\boldsymbol{F}); \quad 左顺，右逆 \, M_O(\boldsymbol{F})，M_e \, 为正。$$

（4）剪力方程 $F_s = F_s(x)$；剪力图：概念，画法，作用。

（5）弯矩方程 $M = M(x)$；弯矩图：概念，画法，作用。

3. 用微分关系作剪力图和弯矩图的步骤：

（1）求支反力，利用平衡方程求解。

（2）分段取点，凡是有集中力、力偶及分布载荷 q 有变化处都须分段取控制点。

（3）计算标值，凡是拐点或极值点均需标值。

（4）连线校核。

第7章　梁弯曲时的应力和变形

7.1　弯曲正应力

7.1.1　基本假设

前一章讨论了梁横截面上的剪力和弯矩。梁在垂直于轴线的载荷（横向力）作用下，一般其横截面上既有剪力又有弯矩，这种情况称为**横力弯曲**。但在某些特殊情况下，如图 7-1 所示，在简支梁上作用有对称于中点的一对力 **P**，则在梁的 CD 段内，横截面上只有弯矩，而没有剪力，这段梁的弯曲称为**纯弯曲**。

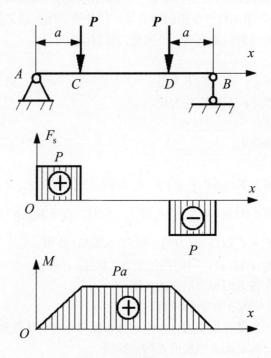

图 7-1　纯弯曲

为了研究梁弯曲时横截面上的弯曲正应力，一般先推导纯弯曲时的正应力计算公式，再将其结果推广到横力弯曲。

可通过做纯弯曲实验研究梁横截面上的正应力分布规律。

如图 7-1 所示的梁 AB，把它做成一矩形截面等直梁，支座和加载位置都不变，实验前在其 CD 段的侧表面画些平行于梁轴线的纵线和垂直于梁轴线的横线，如图 7-2(a)所示。然后在试验机上进行加载，这样，梁上 CD 段的内力只有弯矩而无剪力，发生纯弯曲。

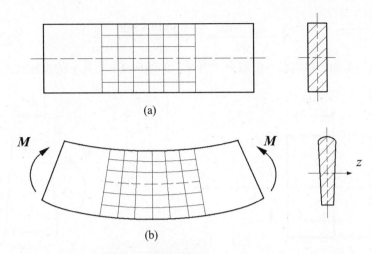

(a)

(b)

图 7-2　纯弯曲实验

通过梁的纯弯曲实验可观察到如下现象[如图 7-2(b)所示]：

（1）纵向线弯曲成弧线，其间距不变；

（2）横向线仍为直线，且和纵向线正交，横向线间相对转过了一个微小的角度。

根据上述现象，对梁内变形与受力做如下假设：

（1）梁弯曲变形后，其横截面仍为平面，并仍与纵线正交，只是绕截面上的某轴转动了一个角度，称为**弯曲平面假设**。

（2）梁内各纵向"纤维"仅承受轴向拉应力或压应力，称为**单向受力假设**。

根据平面假设，当梁弯曲时，部分纵向"纤维"伸长，部分纵向"纤维"缩短，其间必存在一长度不变的过渡层，称为**中性层**，中性层与横截面的交线，称为**中性轴**，如图 7-3 所示。

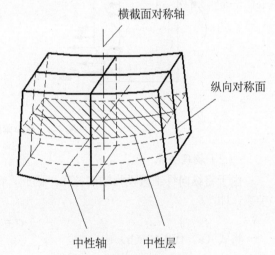

图 7-3　梁的中性层

7.1.2　纯弯曲时正应力

根据上述假设，进一步考虑几何、物理与静力学三个方面的关系，以建立弯曲正应力公式。

（1）变形几何关系

如图 7-4 所示，从梁中取出的长为 $\mathrm{d}x$ 的微小梁段[如图 7-4(a)所示]，变形后[如图 7-4(b)所示]其两端相对转了微小角度 $\mathrm{d}\theta$。以横截面的对称轴为 y 轴，且向下为正；以中性轴为 z 轴，但它的位置尚待确定；在 z 轴位置确定之前，x 轴暂时认为是通过坐标原点的横截面法线[如图 7-4(d)所示]。由图 7-4(b)可得距离中性层为 y 处的纵向"纤维" ab 的变形为：

$$a'b' = (\rho + y)\mathrm{d}\theta$$

式中 ρ 为中性层上的"纤维" O_1O_2 的曲率半径。而 $O_1O_2 = \rho\mathrm{d}\theta = \mathrm{d}x$，则"纤维" $a'b'$ 的

应变为：

$$\varepsilon = \frac{a'b' - \mathrm{d}x}{\mathrm{d}x} = \frac{(\rho + y)\mathrm{d}\theta - \rho\mathrm{d}\theta}{\mathrm{d}x} = \frac{y}{\rho} \tag{a}$$

由式（a）可知，梁内任一层纵向"纤维"的线应变 ε 与其 y 的坐标成正比。

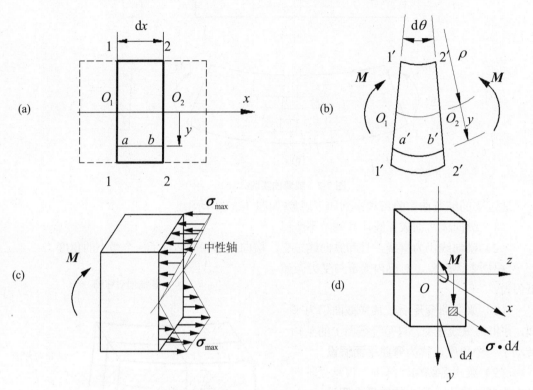

图 7-4　微小梁段的变形及正应力分布

（2）物理关系

由于将纵向纤维假设为轴向拉压，因此，可以用拉压的胡克定律建立应力 σ 与应变 ε 的关系，即

$$\sigma = E \cdot \varepsilon \tag{b}$$

将式（a）代入式（b）中，得

$$\sigma = E \cdot \frac{y}{\rho} \tag{c}$$

由式（c）可知，横截面上任一点的正应力与该纤维层的 y 坐标成正比，其分布规律如图 7-4(c)所示。

（3）静力学关系

横截面上坐标为 (y, z) 的微面积上的内力为 $\sigma \cdot \mathrm{d}A$。于是整个截面上所有内力组成一空间平行力系，由 $\sum X = 0$，有

$$\int_A \sigma \mathrm{d}A = 0 \tag{d}$$

将式（c）代入式（d）得

$$\int_A \frac{E}{\rho} y \mathrm{d}A = \frac{E}{\rho} \int_A y \mathrm{d}A = 0$$

式 $\int_A y \mathrm{d}A = S_z$ 称为横截面对中性轴的**静矩**，而 $\frac{E}{\rho} \neq 0$，必须有 $S_z = 0$，即横截面对 z 轴静矩必须等于零。由 $S_z = A \cdot y_C$ 可知，$y_C = 0$，可见中性轴 z 必过截面形心。

由 $\sum M_z = 0$，得

$$\int_A y \sigma \, \mathrm{d}A = M \tag{e}$$

将式（c）代入式（e）得

$$\frac{E}{\rho} \int_A y^2 \mathrm{d}A = M \tag{f}$$

令

$$I_z = \int_A y^2 \mathrm{d}A \tag{7-1}$$

式中 I_z 称为横截面对 z 轴（中性轴）的**惯性矩**，则式（f）可写为

$$\frac{1}{\rho} = \frac{M}{EI_z} \tag{g}$$

其中 $1/\rho$ 是梁轴线变形后的曲率。上式表明：当弯矩不变时，EI_z 越大，曲率越小 $1/\rho$，故 EI_z 称为**梁的抗弯刚度**。

将式（g）代入式（c），得

$$\sigma = \frac{My}{I_z} \tag{7-2}$$

式（7-2）为纯弯曲时横截面上正应力的计算公式。对图 7-4(d)所示坐标系，当 $M > 0$，$y > 0$ 时，σ 为拉应力；$y < 0$ 时，σ 为压应力。

在上述公式推导过程中，并未涉及矩形的几何特征。所以只要载荷作用在梁的纵向对称面内，式（7-2）就适用。

7.1.3　横力弯曲时的正应力

在工程实际中，一般情况下，梁横截面上同时存在弯矩和剪力，称为**横力弯曲**。由于切应力的存在，梁的横截面将不能保持平面，而发生翘曲。同时纵向纤维之间有挤压，因而存在正应力。所以，梁在纯弯曲时的弯曲平面假设和单向受力假设将不成立。

尽管横力弯曲和纯弯曲存在差异，但在大多数的工程实际问题中，应用纯弯曲时的正应力计算公式来计算横力弯曲时的正应力，所得结果误差不大，能满足工程中的精度要求。此外，梁的长度（跨度）与截面高度之比（即 l/h）越大，其误差越小。

横力弯曲时，弯矩随截面位置变化。一般情况下，等截面梁，最大正应力 $\sigma_{\max}$ 发生于弯矩最大的横截面上离中性轴最远处。于是由式（7-2）得

$$\sigma_{\max} = \frac{M_{\max} y_{\max}}{I_z} \tag{7-3}$$

比值 $I_z / y_{\max}$，仅与截面的几何形状及尺寸有关，称为截面对中性轴的**抗弯截面系数**(或**模量**)，并用 W_z 表示，即

$$W_z = \frac{I_z}{y_{\max}} \tag{7-4}$$

则式（7-3）可写为

$$\sigma_{max} = \frac{M_{max}}{W_z} \tag{7-5}$$

可见，最大弯曲正应力与弯矩成正比，与抗弯截面系数成反比。抗弯截面系数 W_z 综合地反映了横截面的形状与尺寸对弯曲正应力的影响。

7.1.4 截面的惯性矩和抗弯截面系数

（1）简单截面的惯性矩

常见的简单截面有矩形与圆形截面，其惯性矩可由公式（7-1）经过积分得到。

①矩形截面的惯性矩和抗弯截面系数

如图 7-5 所示的矩形截面，高为 h，宽为 b，坐标轴 z 通过截面形心 C，并平行于矩形底边。由公式（7-1）积分可得矩形截面对 y、z 轴的惯性矩：

$$I_y = \frac{hb^3}{12}, \qquad I_z = \frac{bh^3}{12} \tag{7-6}$$

由式（7-4）得其抗弯截面系数为

$$W_y = \frac{hb^3/12}{b/2} = \frac{hb^2}{6}, \qquad W_z = \frac{bh^3/12}{h/2} = \frac{bh^2}{6} \tag{7-7}$$

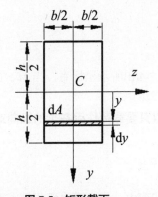

图 7-5 矩形截面

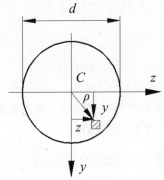

图 7-6 圆形截面

②圆形截面的惯性矩和抗弯截面系数

图 7-6 所示的圆形截面，直径为 d，坐标轴 z 通过截面形心 C，即为形心轴。由公式（7-1）积分可得圆形截面对 y、z 轴的惯性矩和抗弯截面系数分别为

$$I_y = I_z = \frac{\pi d^4}{64} \tag{7-8}$$

$$W_y = W_z = \frac{I_z}{d/2} = \frac{\pi d^4/64}{d/2} = \frac{\pi d^3}{32} \tag{7-9}$$

若截面是外径为 D、内径为 d 的空心圆形，则其对形心轴 y、z 的惯性矩和抗弯截面系数分别为

$$I_y = I_z = \frac{\pi D^4}{64}\left[1 - \left(\frac{d}{D}\right)^4\right] = \frac{\pi D^4}{64}(1 - \alpha^4) \tag{7-10}$$

$$W_y = W_z = \frac{\pi D^3}{32}\left[1 - \left(\frac{d}{D}\right)^4\right] = \frac{\pi D^3}{32}(1 - \alpha^4) \tag{7-11}$$

其他简单截面的惯性矩和抗弯截面系数可通过查阅有关的设计手册得到。

（2）组合截面的惯性矩

工程实际中，不少构件横截面都是由简单图形组合而成的，称为组合截面，如工字钢、槽钢、角钢的横截面等。下面介绍组合截面惯性矩的计算方法。

①设组合截面由几个部分（简单图形）所组成，各部分面积分别为 A_1，A_2，…，A_n，根据惯性矩定义及积分的概念，组合截面 A 对某一轴（如 z 轴）的惯性矩（I_z）等于各组成部分（A_i）对同一轴（z 轴）的惯性矩（I_{zi}）之和，即

$$I_z = \sum I_{zi} \tag{7-12}$$

②平行移轴公式

由式（7-12）可知，要求出各组成图形对 z 轴的惯性矩，必须找出各图形对自己形心轴的惯性矩与对 z 轴惯性矩的关系，可用平行移轴公式。

如图 7-7 所示，任意一截面图形，截面面积为 A，设 C 为形心，z_C，y_C 是通过形心的轴，简称**形心轴**。设有另一 z 轴平行于 z_C，且相距 a。若已知截面对形心轴 z_C 的惯性矩 I_{z_C}，则可以得到该图形对 z 轴的惯性矩 I_z

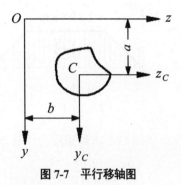

$$I_z = I_{z_C} + a^2 A \tag{7-13}$$

同理　　　$$I_y = I_{y_C} + b^2 A \tag{7-14}$$

图 7-7　平行移轴图

这就是**平行移轴定理**，它表明截面对任意一轴的惯性矩，等于对其平行的形心轴的惯性矩，加上截面面积与两轴间距离平方之乘积。

【例题 7-1】　如图 7-8 所示 T 形截面，图中尺寸为 mm。求截面对形心轴 z 的惯性矩。（说明：本题截面的尺寸与例 3-5 相同，只是坐标轴 z' 是原来的 x 轴。）

解：（1）在例 3-5 中已求得截面的形心 C 的纵坐标为 88 mm。

（2）求截面对形心轴 z 的轴惯性矩 I_z。根据公式（7-12），得

$$I_z = I_z(\text{I}) + I_z(\text{II})$$

而 z 轴不是 I、II 图形的形心轴，所以求 $I_z(\text{I})$、$I_z(\text{II})$ 均要用到平行移轴公式，因此

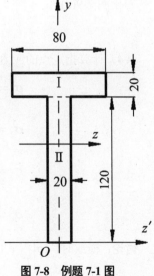

$$I_z(\text{I}) = \frac{80 \times 20^3}{12} + (130 - 88)^2 \times 80 \times 20$$

$$= 2.88 \times 10^6 \text{ mm}^4$$

$$I_z(\text{II}) = \frac{20 \times 120^3}{12} + (88 - 60)^2 \times 120 \times 20$$

图 7-8　例题 7-1 图

$$= 4.76 \times 10^6 \text{ mm}^4$$

故截面对形心轴 z 的惯性矩为

$$I_z = I_z(\text{I}) + I_z(\text{II}) = 2.88 \times 10^6 + 4.76 \times 10^6 = 7.64 \times 10^6 \text{ mm}^4$$

【例题 7-2】 如图 7-9(a)所示简支梁，已知 $F = 6$ kN，$a = 20$ cm，$l = 40$ cm。问：梁在图中竖放和横放，CD 段中指定位置①、②、③、④各点的应力是多少？

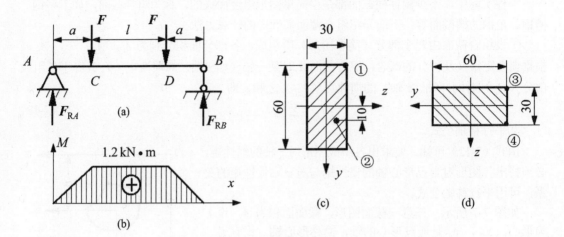

图 7-9 例题 7-2 图

解：（1）求约束反力，其方向如图 7-9(a)所示。

$$F_{RA} = F_{RB} = 6 \text{ kN}$$

（2）画出弯矩图，如图 7-9(b)所示，得 CD 段的弯矩为：$M = 1.2$ kN·m。

（3）求竖放和横放时，截面图形对中性轴的惯性矩

对于图 7-9(c)有

$$I_z = \frac{1}{12}bh^3 = \frac{1}{12} \times 30 \times 60^3 \times 10^{-12} = 5.4 \times 10^{-7} \text{ m}^4$$

对于图 7-9(d)有

$$I_y = \frac{1}{12}hb^3 = \frac{1}{12} \times 60 \times 30^3 \times 10^{-12} = 1.35 \times 10^{-7} \text{ m}^4$$

（4）计算指定点的应力

$$\sigma_1 = \frac{My_1}{I_z} = \frac{1200 \times 30 \times 10^{-3}}{5.4 \times 10^{-7}} = 66.7 \text{ MPa} \quad （压应力）$$

$$\sigma_2 = \frac{My_2}{I_z} = \frac{1200 \times 10 \times 10^{-3}}{5.4 \times 10^{-7}} = 22.2 \text{ MPa} \quad （拉应力）$$

$$\sigma_3 = \frac{My_3}{I_y} = \frac{1200 \times 15 \times 10^{-3}}{1.35 \times 10^{-7}} = 133.3 \text{ MPa} \quad （压应力）$$

$$\sigma_4 = \frac{My_4}{I_y} = \frac{1200 \times 15 \times 10^{-3}}{1.35 \times 10^{-7}} = 133.3 \text{ MPa} \quad （拉应力）$$

讨论：横放时，$|\sigma|_{max} = 133.3$ MPa；竖放时，$|\sigma|_{max} = 66.7$ MPa，可见梁竖放比较合理。

7.2 弯曲切应力

梁在横力弯曲时，梁的横截面上既有弯矩又有剪力，所以横截面上既有正应力又有切应

力。对于细长梁，弯曲切应力可忽略不计，但对于跨度短，截面窄且高的梁及薄壁截面梁，切应力就不能忽略了。工程中常使用矩形截面和工字形截面梁，下面介绍这两种截面梁的弯曲切应力计算公式。

7.2.1　矩形截面梁的弯曲切应力

如图 7-10(a)所示，在矩形截面梁的任意横截面上，剪力 $\boldsymbol{F}_s$ 都与横截面的对称轴 y 重合。关于横截面上切应力的分布规律，做以下两点假设：

（1）截面上每一点处的切应力的方向都与剪力 $\boldsymbol{F}_s$ 平行；

（2）距中性轴等距离 y 处的切应力相等，切应力沿宽度方向均匀分布。

虽然梁的横截面上切应力实际上是非均匀分布的，但是在横截面高度 h 大于宽度 b 的情况下，以上述假设为基础得到的解，准确度较高。

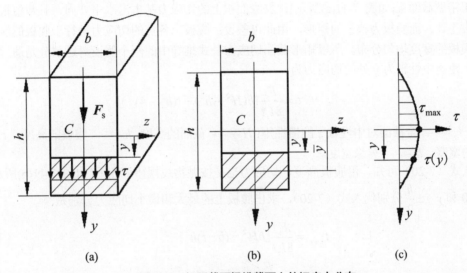

图 7-10　矩形截面梁横截面上的切应力分布

如图 7-10(a)所示，一矩形截面梁，高为 h，宽为 b，在截面上沿 y 方向的剪力为 $\boldsymbol{F}_s$。根据以上假设，经理论分析和推导可得切应力公式为

$$\tau = \frac{F_s \cdot S_z^*}{I_z \cdot b} \tag{7-15}$$

式中，F_s——横截面上的剪力；b——横截面在 y 处的宽度；I_z——横截面对中性轴 z 的惯性矩；S_z^*——距中性轴 z 为 y 的横线至下边缘部分[如图 7-10(b)中的阴影部分所示]对中性轴的静矩。

图 7-10(b)中阴影部分对中性轴的静矩为

$$S_z^* = A^* \cdot \overline{y} = b(\frac{h}{2} - y)\frac{1}{2}(\frac{h}{2} + y) = \frac{b}{2}(\frac{h^2}{4} - y^2) \tag{7-16}$$

式中，A^*——图中阴影部分的面积，$\overline{y}$——该面积形心的纵坐标。

又

$$I_z = \frac{bh^3}{12} \tag{7-17}$$

将式(7-16)、(7-17)代入式(7-15)，得到距中性轴为 y 处的切应力

$$\tau = \frac{3F_s}{2bh}(1 - \frac{4y^2}{h^2}) \qquad (7\text{-}18)$$

此式表明：矩形截面梁的弯曲切应力沿截面高度方向按二次抛物线规律变化，如图 7-10(c)所示。当 $y = \pm h/2$ 时，$\tau = 0$，即横截面上、下边缘处的切应力为零。当 $y = 0$ 时，$\tau = \tau_{max}$，即中性轴上的切应力最大，其值为

$$\tau_{max} = \frac{3}{2}\frac{F_s}{bh} = \frac{3}{2}\frac{F_s}{A} \qquad (7\text{-}19)$$

式中 $A = bh$ 为矩形截面的面积。由式(7-19)可知，矩形截面梁横截面上的最大切应力为截面上平均切应力的 1.5 倍。

7.2.2 工字型截面梁

工字型截面梁[如图 7-11(a)所示]，翼缘面积上的切应力基本沿水平方向，且数值很小，可略去不计。而腹板为狭长的矩形，由此可假设：腹板上各点的切应力平行于腹板的侧边，并沿腹板的宽度均匀分布。所以矩形截面切应力公式推导中的两个假设对这部分是适用的。腹板上距离中性轴为 y 处的切应力为

$$\tau = \frac{F_s}{8I_z t}[b(H^2 - h^2) + t(h^2 - 4y^2)] \qquad (7\text{-}20)$$

式中：I_z —— 全截面对中性轴 z 的惯性矩；H —— 截面的高度；h —— 腹板的高度；t —— 腹板的宽度；b —— 翼缘宽度。

从式（7-20）可知，沿腹板高度，切应力也是按抛物线规律分布的[如图 7-11(b)所示]。以 $y = 0$ 和 $y = \pm\frac{h}{2}$ 分别代入式（7-20），求出腹板上的最大和最小切应力分别是

$$\tau_{max} = \frac{F_s}{8I_z t}[bH^2 - (b-t)h^2] \qquad (7\text{-}21)$$

$$\tau_{min} = \frac{F_s}{8I_z t}(bH^2 - bh^2) \qquad (7\text{-}22)$$

因腹板宽度 t 远小于翼缘宽度 b，所以 τ_{max} 与 τ_{min} 相差很小，可以认为腹板上的切应力大致是均匀分布的。这样，就可以用剪力 F_s 除以腹板的面积 th，近似地得到腹板内的切应力为

$$\tau = \frac{F_s}{th} \qquad (7\text{-}23)$$

计算结果表明：腹板上的剪力约占整个横截面上剪力的 95%~97%。至于翼缘上与 F_s 平行的切应力，其分布情况复杂且数值很小，并无实际意义，一般并不做计算。

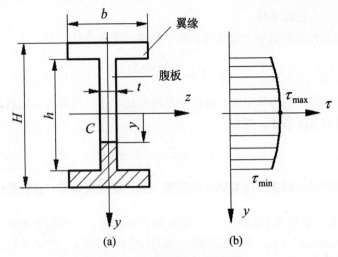

图 7-11　工字形截面切应力计算

7.3　梁的强度计算

7.3.1　梁弯曲时的正应力强度计算

对于细长的非薄壁截面梁，一般情况下弯曲切应力对梁的强度影响较小，因而只进行弯曲正应力的强度计算。

（1）对于等截面梁，且抗拉和抗压强度相等的材料，最大弯曲正应力发生在最大弯矩（绝对值）所在截面的上、下边缘处，因此，强度条件可写为

$$\sigma_{\max} = \frac{M_{\max}}{W_z} \leqslant [\sigma] \tag{7-24}$$

$[\sigma]$ 为材料的许用正应力。

（2）对于变截面梁，正应力的最大值不一定在最大弯矩所在的截面上，所以，对于变截面梁不能仅对最大弯矩所在截面进行强度分析，那些弯矩虽然不大，但 W_z 却较小的截面也可能存在更大的危险，因此，必须找到整个梁的最大正应力 $\sigma_{\max}$ 所在的截面进行强度分析。

（3）对于抗拉和抗压强度不相等的材料（如铸铁等脆性材料），这时梁截面形状一般采用上、下不对称的截面，则要求梁的最大拉应力不超过材料的许用拉应力 $[\sigma_t]$，最大压应力不超过材料的许用压应力 $[\sigma_c]$，即

$$\left.\begin{aligned} \sigma_{t,\max} &= \frac{M_{\max} y_1}{I_z} \leqslant [\sigma_t] \\ \sigma_{c,\max} &= \frac{M_{\max} y_2}{I_z} \leqslant [\sigma_c] \end{aligned}\right\} \tag{7-25}$$

式中，y_1 和 y_2 分别为横截面中性轴至受拉边缘和受压边缘的距离。

7.3.2　梁弯曲时的切应力强度计算

对于弯矩较小而剪力却较大的梁，如短而高的梁；载荷靠近支座的梁以及薄壁截面梁，

还需考虑弯曲切应力强度条件。

等截面直梁最大弯曲切应力通常发生在中性轴上的各点处，且

$$\tau_{max} = \frac{F_{smax}S_z^*}{I_z b} \tag{7-26}$$

中性轴上各点的弯曲正应力等于零，所以都是纯剪切状态。根据纯剪切状态下的强度条件建立梁的弯曲切应力强度条件，则有

$$\tau_{max} = \frac{F_{smax}S_z^*}{I_z b} \leqslant [\tau] \tag{7-27}$$

梁的强度条件可以解决工程实际中的三类问题，即强度校核、设计截面尺寸、确定许可载荷。

【**例题 7-3**】 如图 7-12(a)所示，一承受均布载荷的矩形等截面木制梁。已知均布载荷的集度 $q = 20\ \text{kN/m}$，$a = 1\ \text{m}$，木材的许用正应力 $[\sigma] = 10\ \text{MPa}$。设梁横截面的高宽比 $h/b = 2$，试确定梁的截面尺寸。

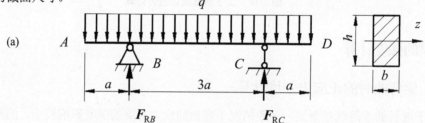

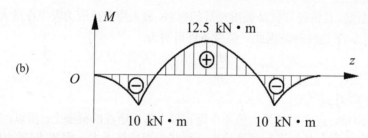

图 7-12 例题 7-3 图

解：（1）计算支座反力

$$F_{RB} = F_{RC} = 50\ \text{kN}\quad(\uparrow)$$

（2）作梁的弯矩图，如图 7-12(b)所示。从图中可知，梁最大弯矩产生在梁的中间截面，且 $M_{max} = 12.5\ \text{kN·m}$。

（3）确定梁的截面尺寸，由强度条件可得

$$\sigma_{max} = \frac{M_{max}}{W_z} = \frac{M_{max}}{bh^2/6} = \frac{6M_{max}}{b(2b)^2} = \frac{3M_{max}}{2b^3} \leqslant [\sigma]$$

$$b \geqslant \sqrt[3]{\frac{3M_{max}}{2[\sigma]}} = \sqrt[3]{\frac{3\times12.5\times10^3}{2\times10\times10^6}} = 123.3\ \text{mm}$$

选取 $b = 125\ \text{mm}$，$h = 2b = 250\ \text{mm}$，最后确定梁的横截面尺寸为 125 mm×250 mm。

【**例题 7-4**】 如图 7-13(a)所示的外伸梁，用铸铁制成，横截面为 T 字形，承受集中力

$F_1 = 10$ kN，$F_2 = 5$ kN 的作用。截面对形心轴 z 的惯性矩 $I_z = 8.84 \times 10^{-6}\,\mathrm{m^4}$，截面形心离顶边和底边的距离分别为 $y_1 = 45$ mm，$y_2 = 95$ mm。铸铁许用拉应力 $[\sigma_t] = 35$ MPa，许用压应力 $[\sigma_c] = 120$ MPa，试校核梁的强度。

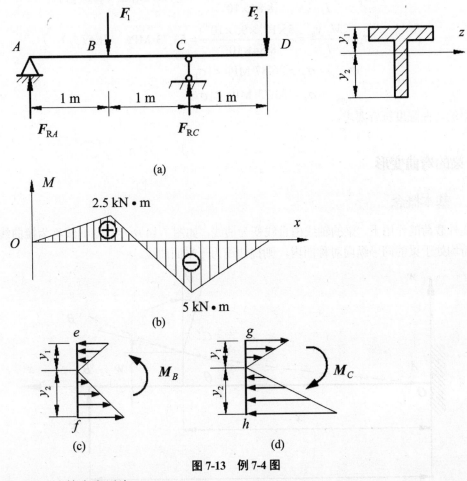

图 7-13 例 7-4 图

解：（1）计算支座反力

$$F_{RA} = 2.5 \text{ kN （}\uparrow\text{）} \qquad F_{RC} = 12.5 \text{ kN （}\uparrow\text{）}$$

（2）危险截面与危险点的判断

作弯矩图，如图 7-13(b)所示，在横截面 B 与 C 处分别作用有最大正弯矩和最大负弯矩。因此，这两个截面为危险截面。

截面 B 和 C 上的弯曲正应力分布如图 7-13(c)和(d)所示，B 截面上边缘点 e 和 C 截面下边缘点 h 为受压状态，B 截面下边缘点 f 和 C 截面上边缘点 g 为受拉状态。

由于 $|M_C| > |M_B|$，$|y_h| > |y_e|$，则 $|\sigma_{c,h}| > |\sigma_{c,e}|$，即梁内最大弯曲压应力产生在截面 C 的 h 点。而梁内最大弯曲拉应力是发生在 f 点还是在 g 点，则需通过计算来确定。因此，f、g 和 h 三点最可能先发生破坏，为梁的危险点。

（3）梁的强度校核

分别求出 f、g 和 h 三点的弯曲正应力

$$\sigma_f = \frac{M_B y_f}{I_z} = \frac{2.5 \times 10^3 \times 95 \times 10^{-3}}{8.84 \times 10^{-6}} = 26.87 \text{ MPa} \quad (\text{拉应力})$$

$$\sigma_g = \frac{M_C y_g}{I_z} = \frac{5 \times 10^3 \times 45 \times 10^{-3}}{8.84 \times 10^{-6}} = 25.45 \text{ MPa} \quad (\text{拉应力})$$

$$\sigma_h = \frac{M_C y_h}{I_z} = \frac{5 \times 10^3 \times 95 \times 10^{-3}}{8.84 \times 10^{-6}} = 53.73 \text{ MPa} \quad (\text{压应力})$$

所以
$$\sigma_{t,\max} = \sigma_f = 26.87 \text{ MPa} < [\sigma_t]$$

$$\sigma_{c,\max} = \sigma_h = 53.73 \text{ MPa} < [\sigma_c]$$

可见梁的弯曲强度符合要求。

7.4 梁的弯曲变形

7.4.1 基本概念

在外载荷的作用下，梁的轴线由直线变为曲线，如图 7-14 所示，该曲线称为**挠曲线**。若外载荷均处于梁的同一纵向对称面内，则挠曲线为一平面曲线。

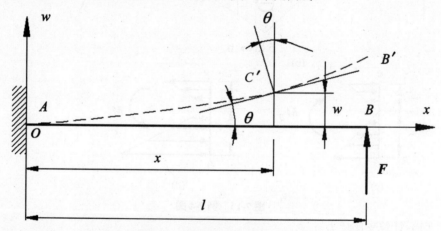

图 7-14 梁的挠度和转角

对于细长梁，一般情况下忽略剪力对梁变形的影响，可认为梁的弯曲平面假设仍然成立。因此，梁的变形可用横截面形心的线位移和横截面的角位移来表示。

在小变形的情况下，横截面形心的轴向线位移可忽略不计，只考虑横截面**形心**在垂直于梁轴方向的位移，称为该截面的**挠度**，用 w 表示。以变形前的梁轴建立坐标轴 x，则有

$$w = w(x) \tag{7-28}$$

上式称为**挠曲线方程**。

根据弯曲平面假设，弯曲变形后的横截面仍然与变形后的轴线垂直，即相对变形前的位置绕中性轴产生一个角位移，该角位移称为截面的**转角**，用 θ 表示。转角 θ 也随着截面位置的不同而变化，即有

$$\theta = \theta(x) \tag{7-29}$$

上式称为**转角方程**。

由图 7-14 可知，任意横截面的转角 θ 等于挠曲线在该截面处的切线与 x 轴的夹角 θ。在小变形情况下

$$\theta \approx \tan\theta = \frac{\mathrm{d}w}{\mathrm{d}x} = w' \tag{7-30}$$

即**横截面的转角等于挠曲线在该截面处的斜率。**

7.4.2　挠曲线近似微分方程

在本章第一节建立纯弯曲正应力公式时，得到由中性层曲率表示的弯曲变形公式：

$$\frac{1}{\rho} = \frac{M}{EI}$$

若忽略剪力对梁变形的影响，上式仍然适用，但是曲率和弯矩均为 x 的函数，即

$$\frac{1}{\rho(x)} = \frac{M(x)}{EI} \tag{7-31}$$

由高等数学可知，任一平面曲线 $w = w(x)$ 上的任意一点曲率为

$$\frac{1}{\rho(x)} = \pm\frac{\dfrac{\mathrm{d}^2 w}{\mathrm{d}x^2}}{\left[1+\left(\dfrac{\mathrm{d}w}{\mathrm{d}x}\right)^2\right]^{3/2}} \tag{7-32}$$

将式（7-32）代入（7-31），则有

$$\frac{\dfrac{\mathrm{d}^2 w}{\mathrm{d}x^2}}{\left[1+\left(\dfrac{\mathrm{d}w}{\mathrm{d}x}\right)^2\right]^{3/2}} = \pm\frac{M(x)}{EI} \tag{7-33}$$

由于工程实际中，梁的变形一般很小，所以 $\left(\mathrm{d}w/\mathrm{d}x\right)^2$ 的数值很小，远小于1，因此式（7-33）可简化为

$$\frac{\mathrm{d}^2 w}{\mathrm{d}x^2} = \pm\frac{M(x)}{EI} \tag{7-34}$$

上式称为**挠曲线近似微分方程。**

$\mathrm{d}^2 w/\mathrm{d}x^2$ 与弯矩的关系如图 7-15 所示，图中坐标轴 w 以向上为正，如果弯矩的正负符号仍然按照前一章的规定，则弯矩 M 与 $\mathrm{d}^2 w/\mathrm{d}x^2$ 的正负符号始终一致。因此，方程（7-34）的右端应取正号，即

$$\frac{\mathrm{d}^2 w}{\mathrm{d}x^2} = \frac{M(x)}{EI} \tag{7-35}$$

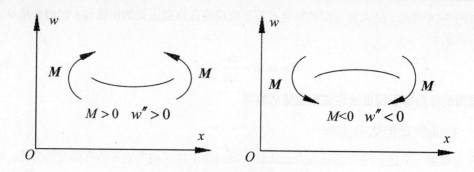

图 7-15　弯矩正负与挠曲线开口的关系

7.4.3　积分法求梁的变形

从上面分析得到挠曲线近似微分方程为

$$\frac{\mathrm{d}^2 w}{\mathrm{d}x^2} = \frac{M(x)}{EI}$$

将上式连续积分两次，依次可得

$$\theta = \frac{\mathrm{d}w}{\mathrm{d}x} = \int \frac{M(x)}{EI}\mathrm{d}x + C \qquad (7\text{-}36)$$

$$w = \int \left[\int \frac{M(x)}{EI}\mathrm{d}x \right]\mathrm{d}x + Cx + D \qquad (7\text{-}37)$$

式中，C、D 为积分常数，可利用梁的边界条件来确定。常见的**边界条件**如下：

（1）固定铰支座和活动铰支座，支座横截面处的的挠度为零，即

$$w = 0$$

（2）固定端约束限制梁的变形，其横截面的挠度和转角均为零，即

$$w = 0，\quad \theta = 0$$

积分常数确定后，代入式（7-36）与式（7-37），就得到梁的转角方程和挠曲线方程，由此可确定梁任一横截面的转角和挠度。

如果弯矩是分段建立，或弯曲刚度沿梁轴变化，则求梁的变形时需分段积分。而在各段的积分中，将多出两个积分常数。梁在不发生破坏前，分段处应保持连续、光滑的条件，即在分段处相连的两个截面应有相同的转角和挠度。由此，每个分段处可补充两个**连续条件**，仍然能够确定求出积分常数。

【例题 7-5】　某齿轮轴简化成在集中力 F 作用下的简支梁（如图 7-16 所示），设梁的弯曲刚度 EI 为常数，试求出梁的转角方程和挠曲线方程。

解：（1）建立轴的挠曲线近似方程并积分

由平衡方程求出支座反力为

$$F_{RA} = \frac{Fb}{l}, \qquad F_{RB} = \frac{Fa}{l}$$

分段列出弯矩方程

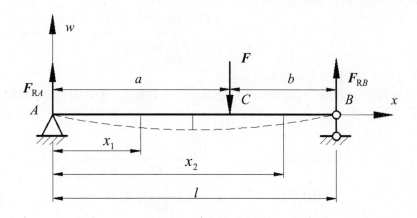

图 7-16　例题 7-5 图

AC 段：

$$M_1 = \frac{Fb}{l} x_1 \qquad\qquad (0 \leqslant x_1 \leqslant a)$$

CB 段：

$$M_2 = \frac{Fb}{l} x_2 - F(x_2 - a) \qquad\qquad (a \leqslant x_2 \leqslant l)$$

由于梁在 AC 和 CB 段的弯矩方程不同，由此，挠曲线近似方程应分段建立，并应用公式（7-36）和公式（7-37）分别进行积分，可得

AC 段：

$$\theta_1 = \frac{\mathrm{d}w_1}{\mathrm{d}x_1} = \frac{Fb}{2EIl} x_1^2 + C_1 \tag{a}$$

$$w_1 = \frac{Fb}{6EIl} x_1^3 + C_1 x_1 + D_1 \tag{b}$$

CB 段：

$$\theta_2 = \frac{\mathrm{d}w_2}{\mathrm{d}x_2} = \frac{Fb}{2EIl} x_2^2 - \frac{F}{2EI}(x_2 - a)^2 + C_2 \tag{c}$$

$$w_2 = \frac{Fb}{6EIl} x_2^3 - \frac{F}{6EI}(x_2 - a)^3 + C_2 x_2 + D_2 \tag{d}$$

（2）运用边界条件和连续条件确定积分常数

梁的两端皆为铰支座，边界条件为

$$x_1 = 0 \text{ 时，} w_1 = 0 \tag{e}$$

$$x_2 = l \text{ 时，} w_2 = 0 \tag{f}$$

挠曲线是连续光滑的曲线，在两段交界的截面 C 上应满足连续条件，为

$$x_1 = x_2 = a \text{ 时，} \theta_1 = \theta_2 \tag{g}$$

$$x_1 = x_2 = a \text{ 时，} w_1 = w_2 \tag{h}$$

由式（a）、式（c）和式（g），得

$$C_1 = C_2$$

由式（b）、式（d）和式（h），得

$$D_1 = D_2$$

将式（e）和式（f）分别代入式（b）与式（d），得

$$D_1 = D_2 = 0$$

$$C_1 = C_2 = \frac{Fb}{6EIl}(b^2 - l^2)$$

（3）建立转角方程和挠曲线方程

将所得积分常数代入式（a）、式（b）、式（c）和式（d），得到 AC 段和 CB 段的转角方程和挠曲线方程

AC 段：

转角方程 $\theta_1 = \frac{Fb}{2EIl}x_1^2 + \frac{Fb}{6EIl}(b^2 - l^2)$

挠曲线方程 $w_1 = \frac{Fbx_1}{6EIl}(x_1^2 - l^2 + b^2)$

CB 段：

转角方程 $\theta_2 = \frac{Fb}{6EIl}(3x_2^2 + b^2 - l^2) - \frac{F}{2EI}(x_2 - a)^2$

挠曲线方程 $w_2 = \frac{Fbx_1}{6EIl}(x_1^2 - l^2 + b^2) - \frac{F}{6EI}(x_2 - a)^3$

7.5 提高弯曲强度和刚度的措施

由弯曲正应力的强度条件 $\sigma_{max} = M_{max}/W_z \leqslant [\sigma]$ 可看出：在同样的载荷下降低最大弯矩值，或在同样截面面积下增大抗弯截面系数便可提高梁的强度。而梁的变形与梁的跨度 l 的高次方成正比，与梁的抗弯刚度 EI_z 成反比。因此，可采取以下措施来提高梁的强度和刚度。

7.5.1 尽量减小梁的最大弯矩 M_{max}

合理地安排梁的支承与加载方式，可减小梁的跨度并降低梁上的最大弯矩。例如图 7-17(a) 所示的简支梁，承受载荷集度为 q 的均布载荷作用，如果将梁两端的铰支座各向内移动少许变为外伸梁，如移动 0.2 l [如图 7-17(b)所示]，则后者的最大弯矩仅为前者的 1/5。

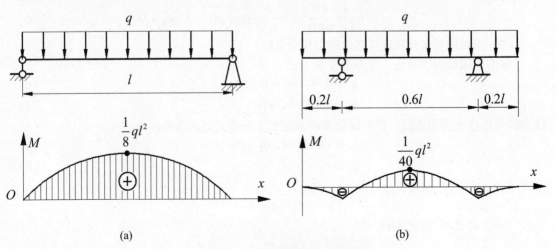

图 7-17　简支梁受均布载荷作用

又如图 7-18(a)所示的简支梁 *AB*，在梁中点处承受集中载荷 *P* 的作用，若在梁的中部设置一长为 *l*/2 的辅助梁 *CD*，将集中载荷 *P* 分成两个集中力[如图 7-18(b)所示]，这时，简支梁内的最大弯矩将减少一半。

此外，可给静定梁增加约束，即制成静不定梁，也可减小梁的跨度和梁的最大弯矩，以提高梁的强度和刚度。

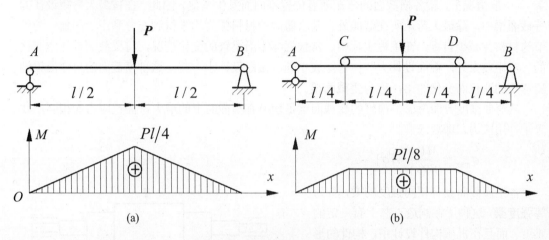

图 7-18　简支梁受集中载荷作用

7.5.2　选用合理的截面形状

当梁上的弯矩确定时，梁横截面上的最大正应力 σ 与截面抗弯系数 W_z 成反比，即截面抗弯系数 W_z 愈大，正应力愈小。另一方面，横截面的面积越小，梁使用的材料越少，自重也越小。因此，在设计中，应当力求在不增加材料（用横截面面积 A 来衡量）的条件下，使截面的抗弯系数 W_z 尽可能增大，即应使横截面的 W_z/A 比值尽可能的大，这种截面称为合理截面。常见截面的比值 W_z/A 见表 7-1。

表 7-1　常见截面的 W_z/A

截面形状		0.5h	h	内径 d = 0.8h	
W_z/A	(0.27~0.31)h	0.167h	0.125h	0.205h	(0.29~0.31)h

从表中可看出，材料远离中性轴的截面（如圆环形，工字形等）较好。这是由于梁横截面上的正应力和各点到中性轴的距离成正比，靠近中性轴的材料正应力小，未能充分发挥该处材料的作用，若将这些材料移至距中性轴较远处，便得到充分利用，形成合理截面。工程中运用合理截面的构件实例很多，如机车常采用空心轴，桥梁和房屋建筑中常采用工字钢梁、钢筋混凝土圆孔板等。

对于抗拉、压强度相等的材料，应采用与中性轴对称的截面；对于抗拉、压强度不相等的材料，应采用对中性轴不对称的截面，并且使中性轴偏向受拉的一侧，尽可能使横截面上的最大拉应力和最大压应力分别达到或接近许用拉应力和许用压应力。

7.5.3 合理设计梁的外形

一般情况下，梁各横截面的弯矩随着位置不同而发生变化。因此，在按最大弯矩设计的等截面梁中，除最大弯矩所在截面外，其余截面的材料强度均未得到充分利用。因此，为了节约材料并减少自重，在工程实际中，常根据弯矩沿梁轴的变化情况，将梁截面设计成变化的。弯矩较大处，截面设计大些；弯矩较小处，截面设计小一些。这种横截面的尺寸沿梁轴随弯矩的变化而变化的梁，称为**变截面梁**。

从弯曲强度方面考虑，理想的变截面梁是使所有横截面上的最大弯曲正应力均相同，并等于许用应力，即要求

$$\sigma_{max} = \frac{M(x)}{W(x)} = [\sigma]$$

各个横截面具有相同强度的梁，称为**等强度梁**。这种梁在制造工艺上有一定的难度，而且在机械构件设计中，构件的形状有一定的要求。因此，实际构件往往设计成近似变截面形状，如图 7-19 所示的阶梯轴。

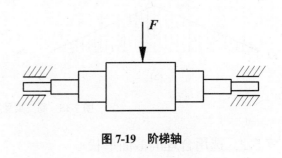

图 7-19 阶梯轴

本章小结

1. 弯曲正应力

梁横截面上的正应力与弯矩有关，最大正应力发生在弯矩最大的截面上离中性轴最远的边缘，其计算公式为

$$\sigma = \frac{My}{I_z}, \quad \sigma_{max} = \frac{M_{max}}{W_z}$$

2. 梁的强度条件为

$$\sigma_{max} = \frac{M_{max}}{W_z} \leqslant [\sigma]$$

若材料的拉、压许用应力不同，则应分别计算：

$$\sigma_{t,max} = \frac{M_{max} y_1}{I_z} \leqslant [\sigma_t], \quad \sigma_{c,max} = \frac{M_{max} y_2}{I_z} \leqslant [\sigma_c]$$

3. 梁横截面上的切应力与剪力有关，最大切应力发生在剪力最大的截面的中性层上，矩形截面梁：$\tau_{max} = \frac{3F_s}{2A}$（即 1.5 倍平均应力），工字型截面梁（腹板）：$\tau = \frac{F_s}{th}$（主要由腹板承担）。

4．弯曲切应力强度条件为

$$\tau_{max} \leqslant [\tau]$$

梁的强度条件可以解决工程中的三类问题，即强度校核、设计截面尺寸、确定许可载荷。

5．梁的变形

梁的变形用挠度 w 和转角 θ 度量，等截面梁的挠曲线近似微分方程为

$$\frac{d^2 w}{dx^2} = \frac{M(x)}{EI}$$

可通过积分法，然后利用边界和变形连续条件计算出积分常数，确定挠曲线方程。

6．提高梁的强度和刚度措施

由 $\sigma_{max} = M_{max} / W_z \leqslant [\sigma]$ 可看出：在同样的载荷下降低最大弯矩值，或在同样截面面积下增大抗弯截面系数便可提高梁的强度。而梁的变形与梁的跨度 l 的高次方成正比，与梁的抗弯刚度 EI_z 成反比。因此，可采取以下措施来提高梁的强度和刚度：

可从分散载荷、减小梁的跨度、合理选择截面、增加约束等方面入手，根据实际情况确定合适的方法。

第8章 应力状态和强度理论

8.1 应力状态的概念

8.1.1 点的应力状态

为什么要研究应力状态和强度理论？工程实际中，构件的变形往往同时包含着弯曲和扭转，拉伸（压缩）和弯曲，拉伸（压缩）、扭转和弯曲等，该怎么办？这就要分析同一截面上不同点的应力以及通过同一点不同方位的截面上的应力情况。受弯曲或扭转的杆件不同位置的点具有不同的应力，即一点的应力是该点坐标的函数，且通过这一点的截面可以有不同的方位，而截面上的应力又随截面的方位而变化。例如，直杆受轴向拉伸（压缩）时，过杆上任一点的任意斜截面上的应力值 σ_α 和 τ_α，均为斜截面方位角 α 的函数。

对于轴向拉伸（压缩）及平面弯曲中的正应力，由于杆件危险点处横截面上的正应力是通过该点所有方位截面上正应力的最大值，而且是单向应力状态，所以可以将其与材料在单向拉伸（压缩）时的许用应力比较建立强度条件。同理，圆轴扭转时处于纯剪切应力状态，也可将其与材料在纯剪切时的许用应力比较建立强度条件。

在前面章节中，分析了单独的轴向拉压杆、圆轴扭转及平面弯曲梁的强度条件：

$$\sigma_{max} \leqslant [\sigma] \qquad \tau_{max} \leqslant [\tau]$$

许用应力由测得的极限应力除以安全因数得到，没有考虑也无须考虑材料失效的原因。

那么对于构件内既有正应力又有切应力的点，不能用以上两个强度条件分别考虑强度，而需综合考虑正应力和切应力的影响。需要研究通过该点各不同方位截面上应力的变化规律，从而确定该点处的最大正应力和最大切应力及其所在截面的方位。

对于复杂应力状态，需探求材料破坏的规律，确定材料破坏的共同因素，则可以通过较简单的应力状态下的试验结果，来确定该共同因素的极限值，从而建立相应的强度条件（即需要研究强度理论）。

我们把研究受力构件上某一点在各个不同方位的截面上的应力情况，称为研究**一点的应力状态**。

8.1.2 点的应力状态的研究方法

要研究某点处的应力状态，可以围绕该点取一个单元体来分析，一般认为单元体在三个方向上的尺寸均为无穷小，故可对单元体做如下两点假设：（1）**单元体的各个面上的应力是均匀分布的**；（2）**单元体的任意两个平行平面上的应力，其大小和性质完全相同**。需要特别注意单元体的取法和分析过程。

以图 8-1(a)所示受横力弯曲的简支梁为例。为了分析梁某一横截面上 1、2 两个点的应力状态，如 1 点，可以围绕 1 点以两个横截面（左右）、两个纵向水平面（上下）以及两个纵向铅垂面（前后）截取一个单元体[如图 8-1(b)所示]；分析 1 点的受力情况可知，该单元体只有左右两个面上有正应力 σ，且 $\sigma = M_1 / W_z$，也可用图 8-1(c)所示的平面单元表示。用同样的方法在梁的下边缘点 2 处，截取单元体，得到该点处的应力状态如图 8-1(d)所示。

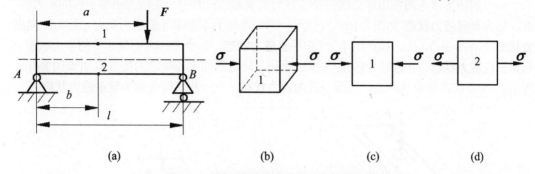

图 8-1 受横力弯曲的简支梁上点的应力状态

再以图 8-2(a)所示的圆轴受到扭转和弯曲变形为例。分析其上 1、2、3 点的应力状态，如图 8-2(b)、(d)、(f)所示，它们的平面单元如图 8-2(c)、(e)、(g)所示。我们把这些单元体均称为**原始单元体**。

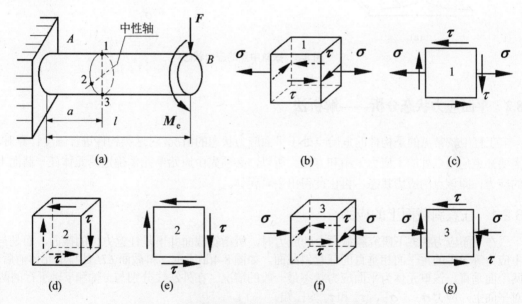

图 8-2 受到扭转和弯曲变形的圆轴上点的应力状态

若单元体上三对互相垂直平面上的应力均已知，则可利用截面法，由静力平衡方程求出过该点任意斜截面上的应力，即确定了这一点的应力状态。

8.1.3 主平面、主应力和主单元体

单元体中切应力为零的平面，称为**主平面**[如图 8-1(c)、(d)所示]。作用在主平面上的正应力，称为**主应力**。经证明，过受力构件上任意一点总可以找到由三个相互垂直的主平面构成的单元体，我们把它称为**主单元体**，相应的三个主应力，分别用 σ_1、σ_2 和 σ_3 表示，并按他们的代数值大小顺序排列，即 $\sigma_1 \geqslant \sigma_2 \geqslant \sigma_3$，分别称为**第一、第二和第三主应力**。

8.1.4 应力状态分类

一点的应力状态通常用该点的三个主应力来表示。只有一个主应力不等于零的应力状态，称为**单向应力状态**[如图 8-1(c)、(d)所示]两个主应力不等于零的应力状态，称为**二向应力状态**[如图 8-2(c)、(e)、(g)所示]，又称**平面应力状态**；三个主应力不等于零的应力状态，称为**三向应力状态**。在铁轨中[如图 8-3(a)所示]，轨道表面上与车轮的接触点 A[如图 8-3(b) 所示]以及装在容器中的冰块，均属于**三向应力状态**。二向和三向统称为**复杂应力状态**。

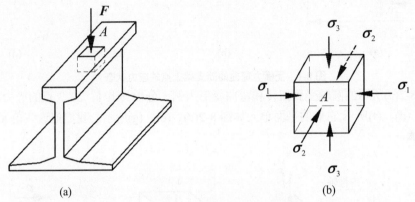

(a)   (b)

图 8-3 铁轨中点的应力状态

8.2 平面应力状态分析——解析法

工程中较常见的是构件的危险点处于平面应力状态的情况,对这类构件进行强度计算时,需要知道危险点处的主应力大小和方位。所以，必须先由原始单元体确定单元体任一截面上的应力，即该点的应力状态，再由此得出主单元体。

8.2.1 任意斜截面上的应力

在平面应力状态下研究斜截面上的应力时，所指斜截面并不是任意方位的截面，而是与主应力等于零的主平面相垂直的任意斜截面，如图 8-4(a)所示，斜截面 EH 是与单元体前后两个面垂直，该单元体为平面应力状态最一般的情况。在外法线分别与 x 轴和 y 轴平行的两对平面上，应力 σ_x、σ_y、τ_x 和 τ_y 均已知。

取斜截面 EH[如图 8-4(b)所示]，其外法线 n 与 x 轴（横截面外法线）的夹角为 α。并规定：（1）**正应力 σ 拉为正，压为负**；（2）**切应力 τ 绕研究对象内任一点顺时针转动趋势为正，反之为负**；（3）**斜截面方位角 α 由 x 轴正向逆时针转向截面外法线 n 为正，反之为负**。

由截面法取左下部分 EBH 为研究对象[如图 8-4(c)所示]。设斜截面 EH 的面积为 $\mathrm{d}A$，则 EB 和 BH 相应的面积分别为 $\mathrm{d}A\cos\alpha$ 和 $\mathrm{d}A\sin\alpha$，由静力平衡方程可得

$\sum F_n = 0$，$\sigma_\alpha \mathrm{d}A - \sigma_x \mathrm{d}A\cos^2\alpha + \tau_x \mathrm{d}A\cos\alpha\sin\alpha - \sigma_y \mathrm{d}A\sin^2\alpha + \tau_y \mathrm{d}A\sin\alpha\cos\alpha = 0$

考虑切应力互等和三角变换，得

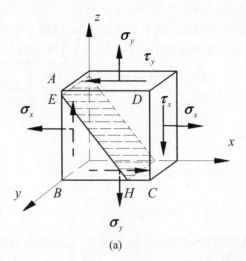

(a)

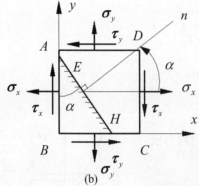

(b)

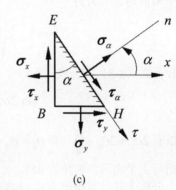

(c)

图 8-4　平面应力状态分析

$$\sigma_\alpha = \frac{\sigma_x + \sigma_y}{2} + \frac{\sigma_x - \sigma_y}{2}\cos 2\alpha - \tau_x \sin 2\alpha \tag{8-1}$$

同理由 $\sum F_\tau = 0$ 得

$$\tau_\alpha \mathrm{d}A - \sigma_x \mathrm{d}A\cos \alpha \sin \alpha - \tau_x \mathrm{d}A\cos^2 \alpha + \sigma_y \mathrm{d}A\sin \alpha \cos \alpha + \tau_y \mathrm{d}A\sin^2 \alpha = 0$$

$$\tau_\alpha = \frac{\sigma_x - \sigma_y}{2}\sin 2\alpha + \tau_x \cos 2\alpha \tag{8-2}$$

式（8-1）和式（8-2）即为计算平面应力状态下任意斜截面上应力的公式，我们把这种方法称为**解析法**。

8.2.2　最大正应力、主平面与主应力

令　　$\dfrac{\mathrm{d}\sigma_\alpha}{\mathrm{d}\alpha} = -2(\dfrac{\sigma_x - \sigma_y}{2}\sin 2\alpha + \tau_x \cos 2\alpha) = 0$　　　得到

$$\tan 2\alpha_0 = \frac{-2\tau_x}{\sigma_x - \sigma_y} \tag{8-3}$$

由式（8-3）可求出相差 90º 的两个角度 α_0 和 α_0'。可见，在 $\alpha=\alpha_0$ 的斜截面上，σ_α 取得极值；且此时 $\tau_\alpha=0$。由此可见，两个角度 α_0 和 α_0' 确定了互相垂直的两个主平面的方位，并将其代入式（8-1）求得两个极值正应力，即两个主应力为

$$\left.\begin{array}{r}\sigma_{\max}\\\sigma_{\min}\end{array}\right\}=\frac{\sigma_x+\sigma_y}{2}\pm\sqrt{\left(\frac{\sigma_x-\sigma_y}{2}\right)^2+\tau_x^2} \qquad (8\text{-}4)$$

8.2.3　最大切应力

令　$\dfrac{\mathrm{d}\tau_\alpha}{\mathrm{d}\alpha}=(\sigma_x-\sigma_y)\cos 2\alpha-2\tau_x\sin 2\alpha=0$，得到

$$\tan 2\alpha_1=\frac{\sigma_x-\sigma_y}{2\tau_x} \qquad (8\text{-}5)$$

式（8-5）求出的两个相差 90º 的方位角为最大、最小切应力所在平面，并将其代入式（8-2）求得两个极值切正应力为

$$\left.\begin{array}{r}\tau_{\max}\\\tau_{\min}\end{array}\right\}=\pm\sqrt{\left(\frac{\sigma_x-\sigma_y}{2}\right)^2+\tau_x^2} \qquad (8\text{-}6)$$

比较公式（8-3）和公式（8-5），可以得到

$$\tan 2\alpha_0=-\frac{1}{\tan 2\alpha_1}$$

所以有 $2\alpha_1=2\alpha_0+\dfrac{\pi}{4}$，即 $\alpha_1=\alpha_0+\dfrac{\pi}{4}$，故切应力取得极值的平面与主平面间的夹角为 45°。

以上分析中并没有确定由式（8-3）所求出的两个角度分别与哪一个主应力的方向相对应。

为了确定每个主应力的作用面，设 $\sigma_1'=\sigma_{\max}$、$\sigma_2'=\sigma_{\min}$，则 σ_1' 在切应力相对的方向上，且偏向于 σ_x 及 σ_y 大的一侧，如图 8-5 所示。

【例题 8-1】 已知单元体上应力如图 8-6(a)所示，求（1）$\alpha=30º$ 斜截面上的应力；（2）主应力、主平面方位及画主单元体；（3）极值切应力。（应力单位：MPa）

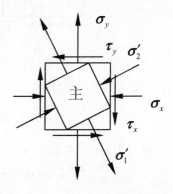

图 8-5　主应力方向判断

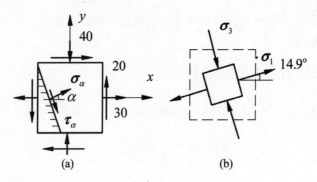

图 8-6　例题 8-1 图

解：已知 $\sigma_x = 30\text{ MPa}$，$\sigma_y = -40\text{ MPa}$，$\tau_x = -20\text{ MPa}$，$\alpha = 30^\circ$

（1）求 $\alpha = 30^\circ$ 斜截面上的应力

由公式（8-1）求得

$$\sigma_{30^\circ} = \frac{30-40}{2} + \frac{30+40}{2}\cos 60^\circ + 20\sin 60^\circ = 29.8\text{ MPa}$$

由公式（8-2）求得

$$\tau_{30^\circ} = \frac{30+40}{2}\sin 60^\circ - 20\cos 60^\circ = 20.3\text{ MPa}$$

（2）求主应力、主平面方位及画主单元体

由公式（8-3）有

$$\tan 2\alpha_0 = \frac{-2\times(-20)}{30+40} = \frac{4}{7}$$

得　　　　$\alpha_0 = 14.9^\circ$

由公式（8-4）求得

$$\left.\begin{array}{l}\sigma_{\max}\\\sigma_{\min}\end{array}\right\} = \frac{30-40}{2} \pm \sqrt{\left(\frac{30+40}{2}\right)^2 + (-20)^2} = \left\{\begin{array}{c}35.3\\-45.3\end{array}\right.\text{ MPa}$$

故

$$\sigma_1 = \sigma_{\max} = 35.3\text{ MPa}，\sigma_2 = 0，\sigma_3 = \sigma_{\min} = -45.3\text{ MPa}$$

其主单元体如图 8-6(b)所示。

（3）求极值切应力

由公式（8-6）求得

$$\left.\begin{array}{l}\tau_{\max}\\\tau_{\min}\end{array}\right\} = \pm\sqrt{\left(\frac{30+40}{2}\right)^2 + (-20)^2} = \pm 40.3\text{ MPa}$$

【例题 8-2】　分析低碳钢和铸铁受扭构件[如图 8-7(a)所示]的破坏规律。

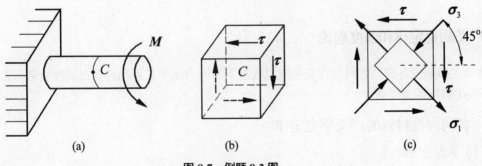

(a)　　　　　　　　　　(b)　　　　　　　　　　(c)

图 8-7　例题 8-2 图

解：（1）确定危险点，并画出其原始单元体，如图 8-7(b)所示。

$$\sigma_x = \sigma_y = 0 \qquad \tau_x = \tau = \frac{T}{W_p}$$

（2）求极值正应力

由公式（8-4）求得

$$\left.\begin{array}{c}\sigma_{\max}\\ \sigma_{\min}\end{array}\right\} = \frac{\sigma_x + \sigma_y}{2} \pm \sqrt{(\frac{\sigma_x - \sigma_y}{2})^2 + \tau_x^2} = \pm\tau$$

故 $\sigma_1 = \tau$ $\sigma_2 = 0$ $\sigma_3 = -\tau$

$$\tan 2\alpha_0 = -\frac{2\tau_x}{\sigma_x - \sigma_y} = -\infty$$

$$2\alpha_0 = -90°$$

得 $\alpha_0 = -45°$

（3）求极值切应力[如图 8-7(c)所示]

$$\left.\begin{array}{c}\tau_{\max}\\ \tau_{\min}\end{array}\right\} = \pm\sqrt{\left(\frac{\sigma_x - \sigma_y}{2}\right)^2 + \tau_x^2} = \pm\tau$$

$$\tan 2\alpha_1 = \frac{\sigma_x - \sigma_y}{2\tau_x} = 0$$

得 $\alpha_1 = 0$

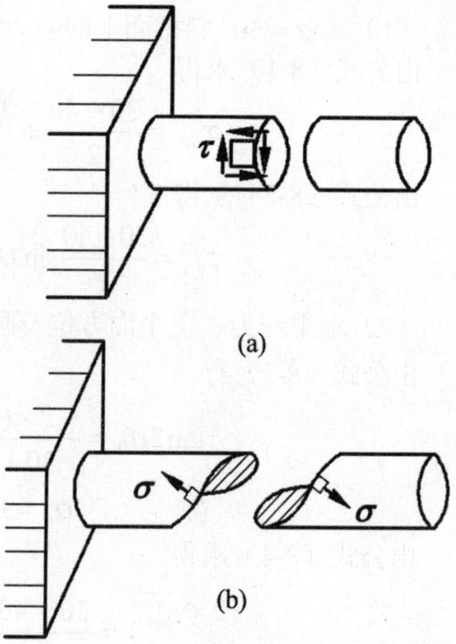

图 8-8　低碳钢和铸铁扭转破坏现象

（4）破坏分析

低碳钢圆试件扭转至屈服时表面沿横截面出现滑移线，最后沿横截面破坏，是由最大切应力引起的剪切破坏[如图 8-8(a)所示]；铸铁圆试样扭转试验时，正是沿着最大拉应力作用面（即 45° 螺旋面）断开的，因此，这种脆性破坏是由最大拉应力引起的[如图 8-8(b)所示]。

小结： 应力状态是描述构件内一点在任意方位上的应力，用单元体分析研究。对平面应力状态推导任意斜截面上的应力计算公式，并导出主应力和最大切应力的计算公式，可用于后面复杂应力状态的强度计算。许用应力作为强度设计时应力的最大许可值，设计准则有四种强度理论及相应的计算公式。

8.3　广义胡克定律和强度理论

本节主要研究各向同性材料在复杂应力状态下的应力应变关系和材料在各种复杂应力状态下发生破坏的强度条件。

8.3.1　各向同性材料的广义胡克定律

（1）单向应力状态

在前面讨论单向拉伸或压缩[如图 8-9(a)所示]时，根据实验结果，得到了在比例极限范围内（即 $\sigma \le \sigma_p$）应力与应变的关系是 $\varepsilon_x = \frac{\sigma}{E}$。此外，轴向的变形还会引起横向尺寸的变化，且两个方向线应变的关系为 $\varepsilon_y = -\mu\frac{\sigma}{E}$，$\varepsilon_z = -\mu\frac{\sigma}{E}$。

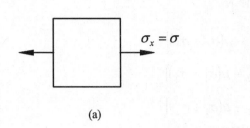

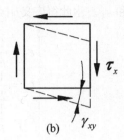

（a）　　　　　　　　　　　　　　　　　　　　（b）

图 8-9　单向拉伸和纯剪切

（2）纯切应力状态

在纯剪切[如图 8-9(b)所示]的情况下，根据实验结果表明：当切应力不超过剪切比例极限时，切应力和切应变之间的关系服从剪切胡克定律，即 $\gamma_{xy} = \dfrac{\tau_x}{G}$。

（3）空间应力状态

当构件内某一点处于三向应力状态时，可用沿三个主平面切取的主单元体来表示，如图 8-10(a)所示。单元体上三个方向的主应力分别为 σ_1、σ_2 和 σ_3，此单元体沿三个主应力方向产生的主应变分别为 ε_1、ε_2 和 ε_3。在小变形情况下，根据叠加原理可将三向应力状态看作是三个单向应力状态的叠加，如图 8-10(b)、(c)、(d)所示。

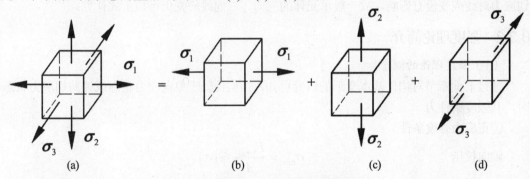

（a）　　　　　　　　　（b）　　　　　　　　　（c）　　　　　　　　　（d）

图 8-10　三向应力状态的分解

根据单向应力状态下的胡克定律可知，当三个主应力 σ_1、σ_2 和 σ_3 单独作用，则沿各自方向的应变分别为

	沿 σ_1 方向的应变	沿 σ_2 方向的应变	沿 σ_3 方向的应变
σ_1 单独作用	$\dfrac{\sigma_1}{E}$	$-\mu\dfrac{\sigma_1}{E}$	$-\mu\dfrac{\sigma_1}{E}$
σ_2 单独作用	$-\mu\dfrac{\sigma_2}{E}$	$\dfrac{\sigma_2}{E}$	$-\mu\dfrac{\sigma_2}{E}$
σ_3 单独作用	$-\mu\dfrac{\sigma_3}{E}$	$-\mu\dfrac{\sigma_3}{E}$	$\dfrac{\sigma_3}{E}$

先讨论应变 ε_1 的计算，从上面的列表可以看出来，它应该是沿 σ_1 方向的应变的叠加，所以

$$\varepsilon_1 = \frac{1}{E}[\sigma_1 - \mu(\sigma_2 + \sigma_3)]$$

同理可求出 ε_2 和 ε_3。由此得广义胡克定律为

$$\begin{cases} \varepsilon_1 = \dfrac{1}{E}\left[\sigma_1 - \mu(\sigma_2 + \sigma_3)\right] \\[2mm] \varepsilon_2 = \dfrac{1}{E}\left[\sigma_2 - \mu(\sigma_1 + \sigma_3)\right] \\[2mm] \varepsilon_3 = \dfrac{1}{E}\left[\sigma_3 - \mu(\sigma_1 + \sigma_2)\right] \end{cases} \tag{8-7}$$

二向应力状态：设有 $\sigma_3 = 0$，有

$$\begin{cases} \varepsilon_1 = \dfrac{1}{E}(\sigma_1 - \mu\sigma_2) \\[2mm] \varepsilon_2 = \dfrac{1}{E}(\sigma_2 - \mu\sigma_1) \\[2mm] \varepsilon_3 = -\dfrac{\mu}{E}(\sigma_1 + \sigma_2) \end{cases} \tag{8-8}$$

可见，虽然 $\sigma_3 = 0$，但 $\varepsilon_3 \neq 0$。

上式中各应力和应变值的符号规定与前面各章节一致。对于非主单元体，在弹性范围内，切应力对线应变没有影响，故一般单元体的三向、二向线应变仍可按上式计算。

8.3.2 强度理论简介

（1）强度理论的概念

通过前面章节对构件基本变形的研究可知，当构件处于单向应力状态或纯剪切应力状态时，其强度条件为

①正应力强度条件

轴向拉压
$$\sigma_{\max} = \frac{F_{\text{Nmax}}}{A} \leqslant [\sigma]$$

弯曲
$$\sigma_{\max} = \frac{M_{\max}}{W_z} \leqslant [\sigma]$$

②切应力强度条件

剪切
$$\tau = \frac{F_s}{A} \leqslant [\tau]$$

扭转
$$\tau_{\max} = \frac{T_{\max}}{W_p} \leqslant [\tau]$$

弯曲
$$\tau_{\max} = \frac{F_{s\max} \cdot S_{z\max}^*}{I_z b} \leqslant [\tau]$$

上述强度条件具有如下特点：（1）危险点处于单向应力状态或纯剪切应力状态；（2）材料的许用应力，是通过拉（压）试验或纯剪切试验测定的，即测得试件在破坏时其横截面上的极限应力，以此极限应力作为强度指标，除以适当的安全因数而得，即根据相应的试验结果建立的强度条件。

　　然而，工程中许多构件的危险点是处于复杂应力状态，其单元体中 σ_1、σ_2 和 σ_3 的不同组合代表了不同的应力状态。如果还是按照上述强度计算方式来解决问题，就需要将三个主应力按不同比例组合逐个进行实验获得极限应力值，这显然是不现实的。所以，解决这类问题需要找出一个能根据上述实验条件求得的极限应力，来确定复杂应力状态下的强度条件的方法。这就需要考虑材料在复杂应力状态下破坏的规律，并找出原因。

　　基本观点：理论研究和试验表明，材料在静载荷作用下的失效形式主要有两种：一为脆性断裂；二为塑性屈服。断裂破坏时，材料没有明显的塑性变形，常常由拉应力或拉应变过大所致。例如，灰口铸铁试样拉伸时沿横截面断裂，扭转时沿与轴线成 45° 倾角的螺旋面断裂，均由最大拉应力引起。材料屈服时，出现显著塑性变形，常常由切应力或切应变过大所致。例如，低碳钢试样拉伸屈服时，在其表面与轴线约成 45° 的方向出现滑移线，扭转屈服时沿纵、横方向出现滑移线，均与最大切应力有关。因此，尽管材料的破坏从表面上看是十分复杂的，但同一类型的破坏可以认为是由某一个共同因素所致，找出这个因素，即可通过简单的拉、压实验结果来推测材料在复杂应力状态下的破坏，从而建立相应的强度条件。

　　所谓**强度理论**，也就是关于材料的某一类破坏是由什么因素引起的**假说**或**学说**。由于它们分析破坏或失效的原因各有不同，因此必然有其合理和不足的地方，这些理论的正确与否，须受试验与实践的检验，也正是在反复试验与实践的基础上，强度理论才逐步得到发展和完善。

　　（2）四种常见的强度理论

　　依据材料的破坏类型，相应地强度理论分为两类：一类是以脆性断裂为破坏标志，主要有第一强度（最大拉应力）理论和第二强度（最大拉应变）理论；另一类是以塑性屈服为破坏标志，主要有第三强度（最大切应力）理论和第四强度（形状改变比能）理论。

　　①**最大拉应力理论**（第一强度理论）

　　根据：当作用在构件上的外力过大时，其危险点处的材料就会沿最大拉应力所在截面发生脆断破坏。

　　此理论认为：最大拉应力 σ_1 是引起材料脆性断裂破坏的原因。也就是说，不论材料处于何种应力状态，只要最大拉应力 σ_1 达到单向拉伸下发生脆性断裂时的极限应力 σ_b，材料就发生脆性断裂破坏。据此，材料发生脆性断裂破坏的条件是：$\sigma_1 = \sigma_b$。引入安全系数后，其强度条件为：

$$\sigma_{r1} = \sigma_b \leqslant [\sigma] \tag{8-9}$$

式中，σ_{r1} 称为第一强度理论的相当应力；$[\sigma]$ 为单向拉伸时的许用应力。

　　实验证明：**脆性材料**在二向或三向拉伸，以及存在压应力但最大压应力不超过最大拉应力值时，该理论较适用；但这一理论没有考虑其他两个主应力的影响。对于单向、二向、三向压缩等没有拉应力的应力状态不能应用。

　　②**最大伸长线应变理论**（第二强度理论）

　　根据：当作用在构件上的外力过大时，其危险点处的材料就会沿垂直于最大伸长线应变方向的平面发生破坏。

　　该理论认为：最大伸长线应变 ε_1 是引起材料脆性断裂破坏的原因。也就是说，不论材料处于何种应力状态，只要最大伸长线应变 ε_1 达到单向拉伸发生断裂时的最大伸长线应变 ε_b，材料就会发生断裂破坏。据此，材料发生断裂破坏的条件是：$\varepsilon_1 = \varepsilon_b$。

根据广义胡克定律，上式可改写为

$$\varepsilon_1 = \frac{1}{E}[\sigma_1 - \mu(\sigma_2 + \sigma_3)] = \frac{1}{E}\sigma_b$$

引入安全系数后，第二强度理论的强度条件为

$$\sigma_{r2} = \sigma_1 - \mu(\sigma_2 + \sigma_3) \leqslant [\sigma] \qquad (8\text{-}10)$$

式中，σ_{r2} 称为第二强度理论的相当应力。

该理论只与少数脆性材料的实验结果吻合，因此很少使用。实验表明：此理论对于一拉一压的二向应力状态的脆性材料的断裂较符合，如铸铁受拉压比第一强度理论更接近实际情况。也能够较好地解释石料或混凝土等脆性材料受压缩时，沿横向发生断裂的现象。

③**最大切应力理论（第三强度理论）**

根据：当作用在构件上的外力过大时，其危险点处的材料就会沿最大切应力所在截面滑移而发生屈服失效。

此理论认为：最大切应力是引起材料产生屈服破坏的原因。也就是说，不论材料处于何种应力状态，只要最大切应力 τ_{max} 达到材料在单向拉伸下发生屈服破坏的极限应力 τ_s 时，材料就会发生屈服破坏。据此，材料发生屈服破坏的条件是：$\tau_{max} = \tau_s$。

上式也可改写为

$$\frac{\sigma_1 - \sigma_3}{2} = \frac{\sigma_s}{2}$$

引入安全系数后，第三强度理论的强度条件为

$$\sigma_{r3} = \sigma_1 - \sigma_3 \leqslant [\sigma] \qquad (8\text{-}11)$$

式中，σ_{r3} 称为第三强度理论的相当应力。

实验证明：这一理论可以较好地解释塑性材料出现塑性变形的现象。但是，由于没有考虑 σ_2 的影响，故按这一理论设计构件偏于安全。

④**形状改变比能理论（第四强度理论）**

在材料弹性变形的过程中，外力相对于位移而做功，静载情况下若忽略其他损耗，可以认为此功全部转化为弹性体的变形能（弹性体因变形而储存的能量）。通常将单元体的变形能分解为**体积改变能**和**形状改变能**两部分。对应于单元体的形状改变而积蓄的那一部分变形能称为形状改变能，**单位体积内的形状改变能称为形状改变比能**，用 v_f 表示。

在复杂应力状态下，形状改变比能为

$$v_f = \frac{1+\mu}{6E}[(\sigma_1-\sigma_2)^2 + (\sigma_2-\sigma_3)^2 + (\sigma_3-\sigma_1)^2]$$

上式推导从略。材料在单向拉伸屈服时（$\sigma_1 = \sigma_s, \sigma_2 = \sigma_3 = 0$）的形状改变比能为

$$v_s = \frac{1+\mu}{6E}(2\sigma_s^2)$$

此理论认为：形状改变比能是引起材料产生屈服破坏的原因。也就是说，不论材料处于何种应力状态，只要形状改变比能 v_f 达到材料在单向拉伸屈服时的形状改变比能 v_s，材料就会发生屈服破坏。据此，材料发生屈服破坏的条件是：$v_f = v_s$，则上式也可改写为

$$\frac{1+\mu}{6E}[(\sigma_1-\sigma_2)^2 + (\sigma_2-\sigma_3)^2 + (\sigma_3-\sigma_1)^2] = \frac{1+\mu}{6E}(2\sigma_s^2)$$

引入安全系数并经整理后，第四强度理论的强度条件为

$$\sigma_{r4} = \sqrt{\frac{1}{2}[(\sigma_1 - \sigma_2)^2 + (\sigma_2 - \sigma_3)^2 + (\sigma_3 - \sigma_1)^2]} \leqslant [\sigma] \qquad (8\text{-}12)$$

式中，σ_{r4} 称为第四强度理论的相当应力。

实验表明：对塑性材料，此理论比第三强度理论更符合试验结果，在工程中得到了广泛应用。第三强度理论偏于安全，第四强度理论偏于经济。

在工程上，常把上述几种强度理论的强度条件写成统一的形式

$$\sigma_r \leqslant [\sigma] \qquad (8\text{-}13)$$

σ_r 称为相当应力，它是由三个主应力 σ_1、σ_2、σ_3 按一定形式组合而成，按照从第一到第四强度理论次序，相当应力分别为

$$\left.\begin{array}{l}
\sigma_{r1} = \sigma_1 \\[2mm]
\sigma_{r2} = \sigma_1 - \mu(\sigma_2 + \sigma_3) \\[2mm]
\sigma_{r3} = \sigma_1 - \sigma_3 \\[2mm]
\sigma_{r4} = \sqrt{\dfrac{1}{2}[(\sigma_1 - \sigma_2)^2 + (\sigma_2 - \sigma_3)^2 + (\sigma_3 - \sigma_1)^2]}
\end{array}\right\} \qquad (8\text{-}14)$$

（3）各种强度理论的适用范围及其应用

工程实践和实验结果表明：上述四种强度理论的有效性取决于材料的类别和应力状态的类型。

①一般而言，脆性材料选用第一或第二强度理论；

②一般而言，塑性材料选用第三或第四强度理论；

③在二向或三向拉伸应力状态下，无论是塑性材料还是脆性材料，都会发生断裂破坏，故选用第一或第二强度理论；

④在二向或三向压缩应力状态下，无论是塑性材料还是脆性材料，都会发生屈服破坏，故选用第三或第四强度理论。

（4）强度计算的步骤

①外力分析：确定所需的外力值；

②内力分析：画内力图，确定可能的危险面；

③应力分析：画危险面应力分布图，确定危险点并画出单元体，求主应力；

④强度分析：选择适当的强度理论，计算相当应力，然后进行强度计算。

（5）应用举例

【例题 8-3】　如图 8-11(a)所示，一蒸汽锅炉承受最大压强为 p，圆筒部分的内径为 D，厚度为 δ，且 δ 远小于 D [如图 8-11(b)所示]。试用第四强度理论校核圆筒的强度。已知 p = 3.6 MPa，$\delta = 10$ mm，$D=1$ m，$[\sigma]=160$ MPa。

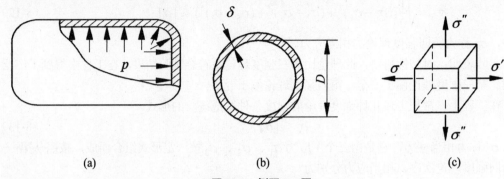

(a)   (b)   (c)

图 8-11 例题 8-3 图

解： （1）求内壁横向和纵向方向的应力值

横向截面的应力 $\sigma' = \dfrac{pD}{4\delta} = \dfrac{3.6 \times 10^6 \times 1}{4 \times 0.01} = 90$ MPa

纵向截面的应力 $\sigma'' = \dfrac{pD}{2\delta} = \dfrac{3.6 \times 10^6 \times 1}{2 \times 0.01} = 180$ MPa

（2）内壁的强度校核

圆筒壁的三个主应力[如图 8-11(c)所示]是

$$\sigma_1 = \sigma'' = 180 \text{ MPa} , \quad \sigma_2 = \sigma' = 90 \text{ MPa} , \quad \sigma_3 = 0$$

用第四强度理论校核圆筒内壁的强度

$$\sigma_{r4} = \sqrt{\dfrac{1}{2}[(\sigma_1 - \sigma_2)^2 + (\sigma_2 - \sigma_3)^2 + (\sigma_3 - \sigma_1)^2]}$$
$$= 155 \text{ MPa} < [\sigma]$$

所以圆筒内壁的强度足够。

【例题 8-4】   转轴边缘上某点[如图 8-12(a) 所示]的应力状态如图 8-12(b)所示，为单向与纯剪切组合应力状态。试用第三强度理论和第四强度理论建立相应的强度条件。

解：该单元体的最大与最小正应力分别为

$$\left.\begin{array}{c}\sigma_{\max} \\ \sigma_{\min}\end{array}\right\} = \dfrac{1}{2}(\sigma \pm \sqrt{\sigma^2 + 4\tau^2})$$

可见，相应的主应力为

$$\left.\begin{array}{c}\sigma_1 \\ \sigma_3\end{array}\right\} = \dfrac{1}{2}(\sigma \pm \sqrt{\sigma^2 + 4\tau^2}) , \quad \sigma_2 = 0$$

根据第三强度理论，由式（8-11）得

$$\sigma_{r3} = \sqrt{\sigma^2 + 4\tau^2} \leqslant [\sigma]$$

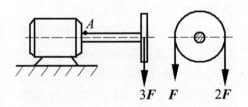

(a)

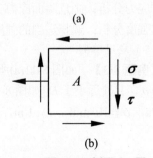

(b)

图 8-12 例题 8-4 图

根据第四强度理论，由式（8-12）得

$$\sigma_{r4} = \sqrt{\sigma^2 + 3\tau^2} \leqslant [\sigma]$$

以上可作为结论记住。

本章小结

1．点的应力状态，是指受力构件内某一点在各个不同方位的截面上的应力情况。分析表明：

（1）受力构件内任一点均存在有三个互相垂直的主平面组成的单元体，称为主单元体；

（2）主平面上的正应力称为主应力，$\sigma_1 \geqslant \sigma_2 \geqslant \sigma_3$。

2．分析平面应力状态的解析法，即用下列公式求任意斜截面上的应力

$$\sigma_\alpha = \frac{\sigma_x + \sigma_y}{2} + \frac{\sigma_x - \sigma_y}{2}\cos 2\alpha - \tau_x \sin 2\alpha$$

$$\tau_\alpha = \frac{\sigma_x - \sigma_y}{2}\sin 2\alpha + \tau_x \cos 2\alpha$$

两个主应力计算公式：$\left.\begin{array}{r}\sigma_{\max} \\ \sigma_{\min}\end{array}\right\} = \frac{\sigma_x + \sigma_y}{2} \pm \sqrt{\left(\frac{\sigma_x - \sigma_y}{2}\right)^2 + \tau_x^2}$ ；

主平面的方位计算：$\tan 2\alpha_0 = \dfrac{-2\tau_x}{\sigma_x - \sigma_y}$ ，可求出相差 90°

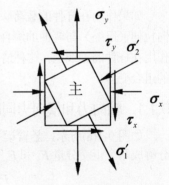

图 8-13　主应力方向判断

的两个角度 α_0 和 α_0'。这两个角度分别与哪一个主应力的方向相对应，为了确定每个主应力的作用面，$\sigma_1' = \sigma_{\max}$、$\sigma_2' = \sigma_{\min}$，则 σ_1' 在切应力相对的方向上，且偏向于 σ_x 及 σ_y 大的一侧，如图 8-13 所示。

3．广义胡克定律表达了应力和应变之间的内在关系，其表达式见式（8-7）。

4．强度理论是关于材料破坏原因的假说，其目的是利用单向应力状态下的实验结果，建立复杂应力状态下的强度条件。其统一式为

$$\sigma_r \leqslant [\sigma]$$

相当应力分别为

$$\sigma_{r1} = \sigma_1$$
$$\sigma_{r2} = \sigma_1 - \mu(\sigma_2 + \sigma_3)$$
$$\sigma_{r3} = \sigma_1 - \sigma_3$$
$$\sigma_{r4} = \sqrt{\frac{1}{2}[(\sigma_1 - \sigma_2)^2 + (\sigma_2 - \sigma_3)^2 + (\sigma_3 - \sigma_1)^2]}$$

其适用范围取决于材料的类别和应力状态类型。

第 9 章　组合变形

在前面几章中已经分别讨论了杆件的轴向拉伸和压缩、剪切、扭转、弯曲等基本变形。但是，工程上绝大多数的杆件在外载荷的作用下产生的变形较为复杂，通过分析，这些变形均可看作是两种或两种以上基本变形的组合。这类由两种或两种以上的基本变形组合的变形情况，称为**组合变形**。

研究组合变形时，一般可采用**叠加原理**，即在小变形和材料服从胡克定律的前提下，杆件在几个载荷共同作用下产生的应力和变形，等同于每个载荷单独作用下产生的应力和变形的总和。根据叠加后的应力，选择合适的强度条件进行强度计算。

本章主要讨论在工程上常见的轴向拉伸（压缩）与弯曲的组合变形以及弯曲与扭转的组合变形。下面，介绍求解这两种组合变形的方法和思路，其他形式的组合变形，也可运用同样的方法进行求解。

9.1　轴向拉伸（压缩）与弯曲的组合变形

如果作用在杆件的载荷除了轴向拉（压）力，还有垂直于轴线的横向力，则杆件发生轴向拉伸（压缩）与弯曲的组合变形。此外，工程上还会遇到载荷与杆件的轴线平行，但其不作用在杆件的轴线上，这种情况称为偏心拉伸（压缩），其实质也是轴向拉伸（压缩）与弯曲的组合变形。

9.1.1　轴向力和横向力同时作用

如图 9-1(a)所示，悬臂梁 OA 在 A 端承受载荷 F 的作用，为了分析梁的变形，将载荷 F 分解成两个正交分量 F_x 和 F_y，且

$$F_x = F\cos \alpha \qquad F_y = F\sin \alpha$$

通过分析可知，分力 F_x 使梁产生轴向拉伸，分力 F_y 使梁发生弯曲。因此，该悬臂梁的变形属于轴向拉伸与弯曲的组合变形。

画出梁的轴力图和弯矩图[如图 9-1(b)、(c)所示]。由内力图可知，悬臂梁根部截面 O 为危险截面，该截面上的轴力 $F_N = F_x = F\cos \alpha$，弯矩 $M = F_y l = Fl\sin \alpha$，危险截面上的应力分布情况如图 9-1(d)、(e)、(f)所示，其

$$\sigma_N = \frac{F_N}{A} \qquad \sigma_M = \frac{M}{W_z}$$

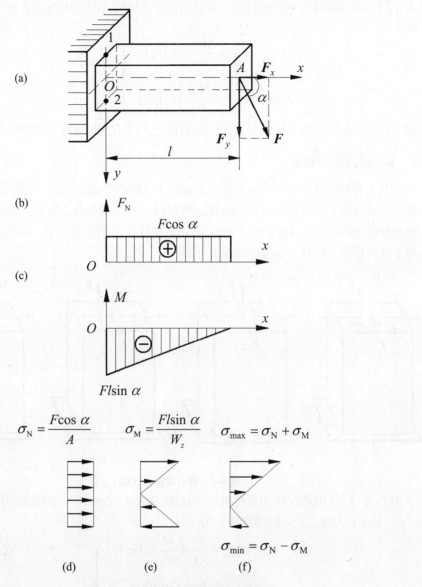

图 9-1　轴向拉伸与弯曲的组合变形

从应力分布图可知，危险点为 O 截面的上下边缘各点。两种基本变形在危险点上产生的应力均为正应力，所以危险点处于单向应力状态。危险点的最终应力为两种基本变形产生的正应力的代数和。

截面上边缘各点为拉应力（截面上最大的拉应力）：

$$\sigma_{t,max} = \sigma_N + \sigma_M = \frac{F_N}{A} + \frac{M}{W_z}$$

截面下边缘各点为压应力（截面上最大的压应力）：

$$\sigma_{c,max} = \sigma_N - \sigma_M = \frac{F_N}{A} - \frac{M}{W_z}$$

对于抗拉和抗压强度不等的材料，要分别按最大拉应力和最大压应力进行强度计算，其强度条件为：

$$\left. \begin{array}{l} \sigma_{t,max} = \dfrac{F_N}{A} + \dfrac{M_{max}}{W_z} \leqslant [\sigma_t] \\[3mm] \sigma_{c,max} = \left| \dfrac{F_N}{A} - \dfrac{M_{max}}{W_z} \right| \leqslant [\sigma_c] \end{array} \right\} \tag{9-1}$$

对于抗拉和抗压强度相同的材料，则按截面最大应力进行强度计算即可。

9.1.2 偏心拉伸（压缩）

当载荷与杆件轴线平行，但没有作用在轴线上，将产生偏心拉伸（压缩）。如图 9-2 所示的立柱，将偏心力 F 向杆的截面形心简化，可得到一个过截面形心的轴向力和一个附加力偶矩，轴向力使杆件产生轴向拉伸（压缩），力偶矩使杆件产生弯曲变形，因此，偏心拉伸（压缩）属于轴向拉伸（压缩）与弯曲的组合变形。

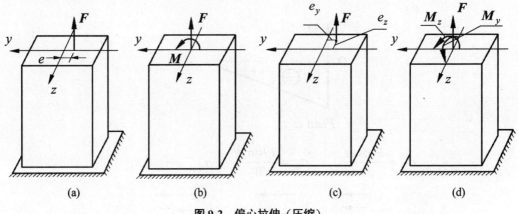

(a) (b) (c) (d)

图 9-2 偏心拉伸（压缩）

若偏心力 F 作用点在杆的对称轴上，如图 9-2(a)、(b)所示，轴向内力 $F_N = F$，弯距 $M = Fe$，其中 e 为偏心距，则强度条件为

$$\left. \begin{array}{l} \sigma_{t,max} = \dfrac{F_N}{A} + \dfrac{M}{W_z} \leqslant [\sigma_t] \\[3mm] \sigma_{c,max} = \left| \dfrac{F_N}{A} - \dfrac{M}{W_z} \right| \leqslant [\sigma_c] \end{array} \right\} \tag{9-2}$$

若偏心力 F 作用点不在杆的任一对称轴上，需将弯距 M 分解成为两个弯矩 M_y 和 M_z，如图 9-2(c)、(d)所示，则强度条件为

$$\left. \begin{array}{l} \sigma_{t,max} = \dfrac{F_N}{A} + \dfrac{M_y}{W_y} + \dfrac{M_z}{W_z} \leqslant [\sigma_t] \\[3mm] \sigma_{c,max} = \left| \dfrac{F_N}{A} - \dfrac{M_y}{W_y} - \dfrac{M_z}{W_z} \right| \leqslant [\sigma_c] \end{array} \right\} \tag{9-3}$$

【例题 9-1】 如图 9-3(a)所示的钢制托架，横梁 AD 为圆形截面梁，直径 $d=200$ mm，在 D 端受到作用力 $F=30$ kN，$a=3$ m，$b=1$ m，梁材料的许用应力$[\sigma]=160$ MPa，不计梁的自重。试校核梁 AD 强度。

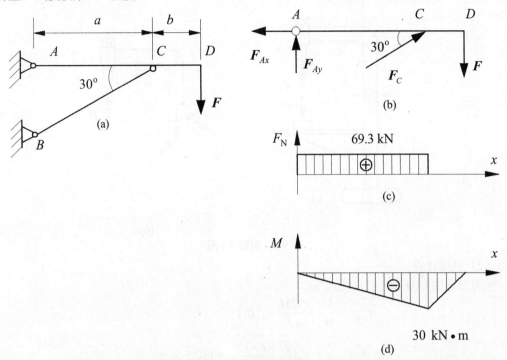

图 9-3 例题 9-1 图

解：梁 AD 受力简图如图 9-3(b)所示，由平衡方程得

$$\sum M_A(\boldsymbol{F})=0 \qquad 即 \qquad 3F_C\sin 30^\circ -4F=0$$

可得 $F_C=80$ kN ，将 $\boldsymbol{F}_C$ 分解成轴向力 $\boldsymbol{F}_{Cx}$ 和垂直力 $\boldsymbol{F}_{Cy}$，并作梁 AD 的轴力图和弯矩图，如图 9-3(c)、(d)所示。

由内力图可知梁的危险点在 C 截面下边缘点

$$
\begin{aligned}
\sigma_{\max} &= \frac{F_N}{A}+\frac{M_{\max}}{W} \\
&= \frac{4F_N}{\pi d^2}+\frac{32M_{\max}}{\pi d^3} \\
&= \frac{4\times 69.3\times 10^3}{\pi\times 0.2^2}+\frac{32\times 30\times 10^3}{\pi\times 0.2^3} \\
&= 40.4 \text{ MPa} <[\sigma]
\end{aligned}
$$

所以梁安全。

【例题 9-2】 如图 9-4(a)所示的钻床，其圆形截面立柱为铸铁所制，许用拉应力$[\sigma_t]=$ 35 MPa，受到的工作压力 $P=20$ kN，试确定钻床立柱的直径。

解：（1）内力分析

如图 9-4(b)所示，使用截面法将立柱截成两部分，取其上半部分作为研究对象，在截面上有轴向内力和弯矩，且：

$$F_N = P = 20 \text{ kN} \qquad M = 0.4P = 8 \text{ kN} \cdot \text{m}$$

因此该立柱产生轴向拉伸和弯曲的组合变形。

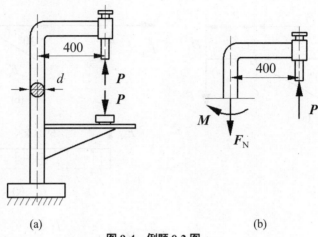

（a）   （b）

图 9-4   例题 9-2 图

（2）强度计算

先考虑弯曲应力来选取立柱直径：

$$\sigma_{t,max} = \frac{M}{W} = \frac{32M}{\pi d^3} \leqslant [\sigma_t]$$

$$d \geqslant \sqrt[3]{\frac{32M}{\pi[\sigma_t]}} = \sqrt[3]{\frac{32 \times 8 \times 10^3}{\pi \times 35 \times 10^6}} = 132.5 \text{ mm}$$

选取立柱直径 $d = 135$ mm，综合轴向拉力和弯矩对立柱进行校核：

$$\sigma_{t,max} = \frac{F_N}{A} + \frac{M}{W} = \frac{4F_N}{\pi d^2} + \frac{32M}{\pi d^3} = \frac{4 \times 20 \times 10^3}{\pi \times 0.135^2} + \frac{32 \times 8 \times 10^3}{\pi \times 0.135^3} = 34.5 \text{ MPa} \leqslant [\sigma_t]$$

所以确定立柱的直径 $d = 135$ mm，能够满足钻床立柱的强度要求。

9.2 扭转与弯曲的组合变形

扭转与弯曲的组合变形是工程上最常见的一种组合变形，特别是机械上的各类传动轴，它们在工作时均产生扭转与弯曲的组合变形。现以水平的圆截面直角曲拐轴[如图 9-5(a)所示]为例，说明扭转与弯曲组合变形的计算方法。

由力的平移定理，将力 F 向杆 AB 的右端截面形心 B 平移，得到一作用于 B 处的横向力和作用于横截面的力偶[如图 9-5(b)所示]。

作杆 AB 的扭矩图[如图 9-5(c)所示]和弯矩图[如图 9-5(d)所示]，可判断出 A 截面为杆的危险截面，该截面上的扭矩和弯矩最大(从绝对值考虑)分别为：

$$T = -Fa \qquad\qquad M = -Fl$$

危险截面 A 的上、下边缘两点 K_1、K_2 应力分布如图 9-5(e)、(f)所示。从图可知，边缘点 K_1 和 K_2 均为危险点，存在最大扭转切应力和弯曲正应力，其值分别为：

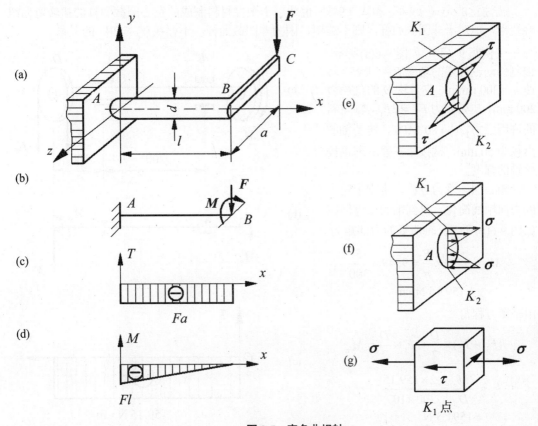

图 9-5　直角曲拐轴

$$\tau = \frac{T}{W_p} \tag{a}$$

$$\sigma = \frac{M}{W_z} \tag{b}$$

取 K_1 点的单元体[如图 9-5(g)所示]，可发现其处于平面应力状态，因此按照强度理论来建立强度条件。对于采用塑性材料制成的构件，其抗拉和抗压强度相同，所以以 K_1 和 K_2 点的危险程度是相同的，故只需取一点来研究。由于杆件为塑性材料制成，所以采用第三或第四强度理论进行计算。由前述可知，单元体的第三、第四强度理论的相当应力分别为：

$$\sigma_{r3} = \sqrt{\sigma^2 + 4\tau^2} \tag{c}$$

$$\sigma_{r4} = \sqrt{\sigma^2 + 3\tau^2} \tag{d}$$

将（a）、（b）两式代入式（c）、式（d），并注意到圆轴的 $W_p = 2W_z$，即可得到按第三和第四强度理论建立的强度条件：

$$\sigma_{r3} = \frac{\sqrt{M^2 + T^2}}{W_z} \leqslant [\sigma] \tag{9-4}$$

$$\sigma_{r4} = \frac{\sqrt{M^2 + 0.75T^2}}{W_z} \leqslant [\sigma] \tag{9-5}$$

需注意的是式（9-4）和式（9-5）也适用于塑性材料制成的空心圆截面杆的扭转弯曲组合变形，但对于非圆截面杆，则不适用，因为非圆截面杆，不存在 $W_p = 2W_z$ 的关系。

【**例题 9-3**】 如图 9-6(a)所示，钢制传动轴传递的功率 $P=5\ kW$，转速 $n=300\ r/min$，皮带轮 D 的直径为 $200\ mm$，皮带张力 $F_T = 2F_t$，轴材料的许用应力 $[\sigma] = 80\ MPa$，传动轴的直径为 $50\ mm$，试按第三强度理论校核轴的强度。

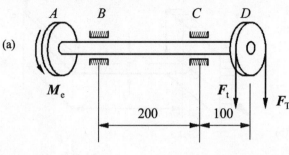

(a)

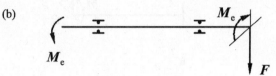

(b)

解：（1）受力分析，将皮带轮上的力向轴线简化，得到轴的计算简图如图 9-6(b)所示。轴所受的力偶矩为

$$M_e = 9549 \times \frac{P}{n} = 9549 \times \frac{5}{300}$$
$$= 159.15\ N\bullet m$$

由平衡方程得

$$(F_T - F_t) \times \frac{D}{2} = F_t \times \frac{D}{2} = M_e$$

$$F_t = \frac{2M_e}{D} = \frac{2 \times 159.15}{200 \times 10^{-3}}$$
$$= 1591.5\ N$$

$$F = F_T + F_t = 3F_t = 3 \times 1591.5$$
$$= 4774.5\ N$$

（2）作轴的扭矩图[如图 9-6(c)所示]和弯矩图[如图 9-6(d)所示]。由轴的内力图可知，截面 C 处存在最大扭矩（取绝对值）是

$$T_{max} = 159.15\ N\bullet m$$

最大弯矩（取绝对值）是

$$M_{max} = 477.45\ N\bullet m$$

因此，截面 C 是危险截面。

（3）强度校核，由第三强度理论的强度条件

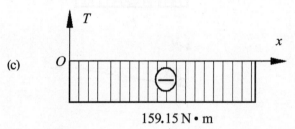

(c)

$$159.15\ N\bullet m$$

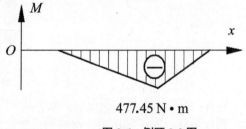

(d)

$$477.45\ N\bullet m$$

图 9-6　例题 9-3 图

$$\sigma_{r3} = \frac{\sqrt{M^2 + T^2}}{W_z} = \frac{32\sqrt{477.45^2 + 159.15^2}}{\pi \times 0.05^3} = 41\ MPa < [\sigma]$$

所以该传动轴满足强度条件。

本章小结

1. 处理组合变形构件的强度问题的步骤是：

（1）将外力向杆轴线简化，分解为几种基本变形；

（2）计算各基本变形下的内力，并作出相应的内力图；

（3）确定危险截面和危险点，计算各危险点在每个基本变形下产生的应力。若危险点的应力为单向应力状态，则将同名应力代数相加。

2. 常见组合类型的应力计算：

（1）如拉伸（压缩）与弯曲的组合，对于塑性材料有

$$\sigma_{\max} = \left| \pm \frac{F_N}{A} \pm \frac{M}{W_z} \right| \leqslant [\sigma]$$

（2）对于脆性材料，拉弯组合时有

$$\sigma_{t,\max} = \frac{F_N}{A} + \frac{M_{\max}}{W_z} \leqslant [\sigma_t]$$

（3）对于脆性材料，压弯组合时有

$$\sigma_{t,\max} = -\frac{F_N}{A} + \frac{M_{\max}}{W_z} \leqslant [\sigma_t]$$

$$\sigma_{c,\max} = \left| -\frac{F_N}{A} - \frac{M_{\max}}{W_z} \right| \leqslant [\sigma_c]$$

（4）偏心拉伸（压缩）与上述类似。

（5）对于弯曲和扭转组合的圆截面杆，因属于复杂应力状态，则需按第三或第四强度理论建立强度条件，分别为

$$\sigma_{r3} = \frac{\sqrt{M^2 + T^2}}{W_z} \leqslant [\sigma]$$

$$\sigma_{r4} = \frac{\sqrt{M^2 + 0.75T^2}}{W_z} \leqslant [\sigma]$$

第 10 章　压杆稳定

10.1　压杆稳定性概念

机械或建筑结构中有许多细长压缩杆件，如液压顶杆[如图 10-1(a)所示]、内燃机气阀的挺杆[如图 10-1(b)所示]、建筑结构中的立柱等。工程力学中统称为**压杆**或**柱**。在第 4 章研究直杆轴向压缩时，认为杆是在直线形态下维持平衡的，而杆的失效是强度不足引起的。事实上，这样的考虑只对粗短的压杆才有意义，而对细长的压杆，当它们所受到的轴向压力远未达到其发生强度失效时的数值，可能会因突然变弯并丧失了原有直线形态下的平衡而引起失效，这种失效形式称为**丧失稳定性**，简称**失稳**。这类构件既要考虑有足够的强度，又要考虑有足够的稳定性。承受轴向压力的细长压杆在什么条件下是稳定的，什么条件下是不稳定的；怎样才能保证压杆正常、可靠地工作等问题，统称为稳定性问题。稳定性问题与强度和刚度问题一样，在结构和构件的设计中占有重要的地位。

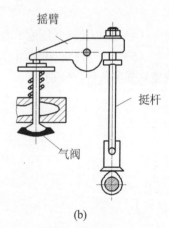

(a)　　　　　　　　　　　　　　　　　　(b)

图 10-1　压杆稳定的实例

为了说明丧失稳定性这种失效形式，先观察如下实验：取一两端铰支均质等直的细长杆，如图 10-2(a)所示，施加轴向压力 **P**，压杆呈直线平衡状态。若此时压杆受到一个很小的横向干扰力 **F** 作用于杆的中部，杆件会发生微小的弯曲变形，如图 10-2(b)所示。当力 **F** 去掉后，会出现下述两种情况：

（1）当轴向压力 **P** 小于某一数值时，压件经过若干次摆动，会恢复到原来的直线平衡状态。

（2）当轴向载荷 **P** 达到某一数值时，杆件无法恢复到原来的直线平衡状态，可能在微弯状态下暂时平衡，如图 10-2(c)所示。若载荷 **P** 继续增大，杆件将因过大的弯曲变形而突然折断。

第一种情况表明压杆的直线平衡状态是稳定的；而第二种情况表明压杆的直线平衡状态是不稳定的。可见，压杆的原有直线平衡状态是否稳定，与所受的轴向压力 P 的大小有关；压件的直线平衡状态由稳定过渡到不稳定所受的轴向压力的界限值，称为**临界压力或临界力**，记为 P_{cr}。

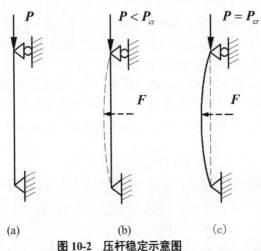

图 10-2 压杆稳定示意图

除了压杆的失稳形式外，一些细长或薄壁的构件也存在静力平衡的稳定性问题。例如，细长圆杆的纯扭转，薄壁矩形截面梁的横力弯曲以及承受均布压力的薄壁圆环等，都有可能因丧失原有的平衡状态而失效。图 10-3 给出了几种构件失稳的示意图，图中虚线分别表示其丧失原有平衡形式后新的平衡状态。

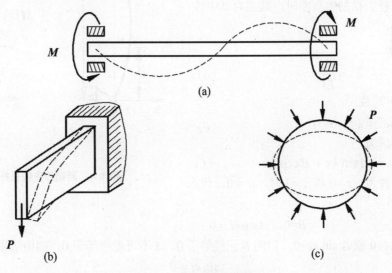

图 10-3 构件失稳示意图

本章将主要讨论压杆的稳定性问题，而其他构件的稳定性问题读者可参阅有关的专著。

10.2　细长压杆的临界压力

10.2.1　两端铰支的细长压杆的临界压力

设细长压杆的两端为球铰支座，轴线为直线，压力 P 与轴线重合，如图 10-4(a)所示。上节指出，当压力达到临界压力 P_{cr} 时，压杆将由直线平衡状态转变为微弯状态保持平衡。可见，临界压力就是使压杆保持微小弯曲平衡的最小压力。

建立如图 10-4(a)所示坐标系 Oxw，选取距原点为 x 的任意截面，将其截开，保留部分如图 10-4(b)所示。由保留部分的平衡得其弯矩 $M(x)$ 的绝对值为 $|P_{cr}w|$。若 P_{cr} 只取绝对值，$M(x)$、w 为带符号的量，在图示坐标中，当 w 为正值时，弯矩 $M(x)$ 为负；当 w 为负值时，弯矩 $M(x)$ 为正。故

$$M(x) = -P_{cr}w \tag{a}$$

当压杆内应力不超过材料比例极限时，将式（a）代入式（7-35）的挠曲线近似微分方程，可得

$$\frac{d^2w}{dx^2} = \frac{M}{EI} = \frac{-P_{cr}w}{EI} \tag{b}$$

即
$$\frac{d^2w}{dx^2} + \frac{P_{cr}w}{EI} = 0 \tag{c}$$

由于两端是球铰，允许杆件在任意纵向平面内发生弯曲变形，因而杆件的微小弯曲变形一定发生于抗弯能力最小的纵向平面内。上式中的 I 为压杆失稳发生弯曲时，截面对其中性轴的惯性矩。

令
$$k^2 = \frac{P_{cr}}{EI} \tag{d}$$

则式（c）可写成：
$$w'' + k^2w = 0 \tag{e}$$

此方程的通解为：
$$w = A\sin kx + B\cos kx \tag{f}$$

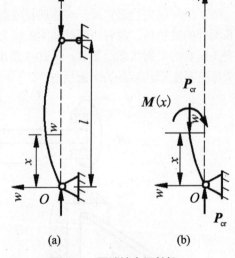

图 10-4　两端铰支细长杆

已知边界条件为：$x=0$ 和 $x=l$ 时，$w=0$，代入（f）可得到

$$B=0, \quad A\sin kl = 0$$

上式表明，$A=0$ 或者 $\sin kl=0$。但因 B 已经等于 0，A 不可能再等于 0，则由边界条件只有：

$$\sin kl = 0$$

所以 $kl = n\pi$，$n=0$，1，2，3…，即

$$k = \frac{n\pi}{l} \quad (n=0,\ 1,\ 2,\ 3\cdots)$$

将上式代入式（d）得：

$$P_{cr} = \frac{n^2\pi^2 EI}{l^2}$$

在上式中，使杆件保持为曲线平衡的压力，理论上是多值的。在这些压力值中，使杆件保持微小弯曲的最小压力，即为**临界压力** P_{cr}。于是临界压力为：

$$P_{cr} = \frac{\pi^2 EI}{l^2} \qquad (10\text{-}1)$$

上式是两端铰支的细长压杆临界压力的计算公式，也称为**欧拉公式**。此式表明临界压力与抗弯刚度（EI）成正比，与杆长的平方（l^2）成反比。

应用上述公式时，注意以下两点：一是欧拉公式只适用于弹性范围，即只适用于弹性稳定问题；二是对于各方向具有相同约束条件的情况，式（10-1）中的惯性矩 I 应为压杆横截面的最小惯性矩 I_{min}。对于不同方向具有不同的约束条件的情况，应根据惯性矩和约束条件，首先判断失稳时的弯曲方向，然后确定相应的中性轴和截面惯性矩。

此外，稳定问题与强度问题还有以下不同：

（1）研究稳定问题时，是根据压杆变形后的状态建立平衡方程的；研究强度问题时，是忽略小变形，以变形前尺寸建立平衡方程的。

（2）研究稳定问题主要通过理论分析与计算，确定构件所能承受的力（P_{cr}）；研究强度问题则是通过理论分析与计算确定构件内部的力（内力与应力），构件所能承受的力（如屈服极限和强度极限）是由实验确定的。

【例题 10-1】　内燃机的挺杆是钢制空心圆管，内、外径分别为 10 mm 和 12 mm，杆长 $l = 383$ mm，钢材的弹性模量 $E = 210$ GPa，可简化为两端铰支的细长压杆，试计算该挺杆的临界压力 P_{cr}。

解：挺杆横截面的惯性矩

$$I = \frac{\pi}{64}\left(D^4 - d^4\right) = \frac{\pi}{64}\left[\left(12\times10^{-3}\right)^4 - \left(10\times10^{-3}\right)^4\right] = 5.27\times10^{-10}\ \text{m}^4$$

由公式（10-1）即可计算出该挺杆的临界压力为

$$P_{cr} = \frac{\pi^2 EI}{l^2} = \frac{\pi^2 \times 210\times10^9 \times 5.27\times10^{-10}}{\left(383\times10^{-3}\right)^2} = 7446\ \text{N}$$

10.2.2　其他支座条件下的细长压杆的临界压力

在工程实际中，除了上述两端铰支压杆以外，还存在其他约束方式的压杆，这些压杆的临界压力，可按比拟两端铰支压杆的方式确定，现将计算结果汇集在表 10-1 中，具体推导过程读者可以参考其他书籍。

从表中可以看出，上述几种细长压杆的临界压力公式基本相似，只是分母中 l 前的系数不同。为应用方便，将上述各式统一写成如下形式：

$$P_{cr} = \frac{\pi^2 EI}{(\mu l)^2} \qquad (10\text{-}2)$$

式（10-2）称为欧拉公式的普遍形式。式中 μl 表示把压杆折算成两端铰支压杆的长度，称为**相当长度**，μ 称为**长度系数**。

表 10-1 列出了各种支承约束条件下等截面细长压杆临界压力的欧拉公式和长度系数。

欧拉公式表明：细长压杆的临界压力与杆件的形状、大小、约束条件及所使用的材料有关。

表 10-1　几种常见细长压杆的长度系数与临界压力

支持方式	两端铰支	一端自由，另一端固定	两端固定	一端铰支，另一端固定
绕曲轴形状				
F_{cr}	$\dfrac{\pi^2 EI}{l^2}$	$\dfrac{\pi^2 EI}{(2l)^2}$	$\dfrac{\pi^2 EI}{(0.5l)^2}$	$\dfrac{\pi^2 EI}{(0.7l)^2}$
μ	1.0	2.0	0.5	0.7

10.3　压杆的临界应力

10.3.1　临界应力

当压杆承受压力为临界值 P_{cr} 时，杆件横截面上的应力称为**临界应力**。此时，由于杆件仍处于直线平衡状态，可以认为，杆件横截面上的应力与轴向压缩时一样是均匀分布的，则对于细长压杆，临界应力为

$$\sigma_{cr} = \frac{P_{cr}}{A} = \frac{\pi^2 EI}{(\mu l)^2 A} \qquad (10\text{-}3)$$

令 $\lambda = \dfrac{\mu l}{i}$，$i = \sqrt{\dfrac{I}{A}}$，则上式化简为：

$$\sigma_{cr} = \frac{\pi^2 E}{\lambda^2} \qquad (10\text{-}4)$$

这是欧拉公式的临界应力普遍表达式。

其中，$i = \sqrt{\dfrac{I}{A}}$ —— 惯性半径，单位为米，它表示杆件横截面的性质；

$\lambda = \dfrac{\mu l}{i}$ —— 杆件的**柔度**。这是一个没有量纲的量，它综合反映了压杆的长度、约束条件与截面几何性质对压杆临界应力的影响。λ 越大，临界应力越小，压杆越容易失稳。柔度在压杆的稳定计算中有重要的意义。

10.3.2　欧拉公式的适用范围

上述的欧拉公式是以挠曲线的近似微分方程为依据推导出来的，而挠曲线的近似微分方程又建立在材料服从胡克定律的基础上。因此，只有当临界应力不超过比例极限时，公式（10-2）或（10-4）才是成立的。即

$$\sigma_{cr} = \frac{\pi^2 E}{\lambda^2} \leqslant \sigma_p \qquad (10\text{-}5)$$

可得

$$\lambda = \sqrt{\frac{\pi^2 E}{\sigma_p}}$$

令

$$\lambda_p \geqslant \sqrt{\frac{\pi^2 E}{\sigma_p}} \qquad (10\text{-}6)$$

则只有当压杆的柔度值 $\lambda \geqslant \lambda_p$ 时，欧拉公式才能适用。通常称 $\lambda \geqslant \lambda_p$ 的压杆为**大柔度压杆**或**细长压杆**。

λ_p 是反映材料性能的物理量，材料不同，其值也不同。如 Q235 钢，其 $E = 206$ MPa，$\sigma_p = 200$ MPa，则 $\lambda_p \approx 100$；铸铁的 $\lambda_p \approx 80$。因此，用 Q235 制成的压杆，只有当柔度 $\lambda \geqslant 100$；铸铁制成的压杆，只有当 $\lambda \geqslant 80$，才能使用欧拉公式计算其临界压力或应力。

10.3.3　临界应力的经验公式

若压杆的柔度 $\lambda < \lambda_p$，则临界应力 σ_{cr} 大于材料的比例极限 σ_p，这时欧拉公式已不适用，属于超过比例极限的压杆稳定问题。常见的压杆如内燃机连杆、千斤顶螺杆等，其柔度 λ 就往往小于 λ_p。对于 $\lambda < \lambda_p$ 的这类压杆的稳定性问题，人们做了大量的失稳试验，同时，做了弹塑性理论分析。由于试验结果具有明显的分散度和理论分析的复杂性，这里不做进一步的讨论。工程上，一般采用以试验结果为依据的经验公式。

目前根据我国的试验结果，考虑压杆存在偏心率等因素的影响而整理得到的经验公式有直线型近似和抛物线型近似公式。在这里只介绍直线型近似公式（抛物线型近似公式读者可参阅其他书籍）。计算临界应力的直线型近似公式为：

$$\sigma_{cr} = a - b\lambda \qquad (10\text{-}7)$$

式中 λ 是压杆的柔度，a 和 b 是与材料性质有关的常数。几种材料的 a、b 值如表 10-2 所示。

表 10-2　直线公式中的常数和适用范围

材料（σ_s，σ_b 的单位为 MPa）	a（MPa）	b（MPa）	λ_p	λ_s
	304	1.12	100	61.4
优质碳钢 σ_s=306，$\sigma_b \geqslant$470	461	2.57	100	60
硅钢 σ_s=353，$\sigma \geqslant$510	577	3.74	100	60
铬钼钢	980	5.29	55	0
硬铝	372	2.15	50	0
灰口铸铁	332	1.453	80	—
松木	39.2	0.199	59	0

上述经验公式也仅适用于杆柔度的一定范围。对于塑性材料制成的压杆，当其临界应力等于材料的屈服极限时，压杆就会发生屈服而应按强度问题来考虑。因此，应用直线公式时，压杆的临界应力不能超过屈服极限 σ_s，即

$$\sigma_{cr} = a - b\lambda \leqslant \sigma_s$$

用柔度来表示，上式可改写成

$$\lambda \geqslant \frac{a - \sigma_s}{b} = \lambda_s \qquad (10\text{-}8)$$

其中 λ_s 是适用于直线公式的最小柔度。对于脆性材料，只需将式中的 σ_s 改成 σ_b 即可。

因此，直线经验公式的适用范围为

$$\lambda_s \leqslant \lambda < \lambda_p \qquad (10\text{-}9)$$

满足上式的压杆，称为**中柔度压杆**（中长杆）。λ_s 依材料的不同而不同，可查表，也可依式（10-8）计算。

若压杆的柔度 $\lambda \leqslant \lambda_s$，则称为**小柔度压杆**（粗短杆），它的破坏是由强度不足引起的，应按压缩强度计算。

综上所述，可将压杆的临界应力依柔度的不同归纳如下：

（1）大柔度压杆（细长杆）$\lambda \leqslant \lambda_p$，$\sigma_{cr} = \dfrac{\pi^2 E}{\lambda^2}$

（2）中柔度压杆（中长杆）$\lambda_s \leqslant \lambda < \lambda_p$，$\sigma_{cr} = a - b\lambda$

（3）小柔度压杆（粗短杆）

$\lambda < \lambda_s$，$\sigma_{cr} = \sigma_s$

临界应力总图

由上面的讨论可知，压杆的临界应力的计算与压杆的柔度有关。按照上述三种情况，我们以柔度 λ 为横坐标，以 σ_{cr} 为纵坐标作 $\sigma_{cr} \sim \lambda$ 图，称为**临界应力总图**，如图 10-5 所示。稳定性问题计算中，无论是欧拉公式或经验公式，都是以杆件的整体变形为基础的。局部削弱（如螺钉孔等）对杆件的整体变形影响很小。计算临界应力时，可采用未经削弱的横截面面积 A 和惯性矩 I。而在小柔度杆中作为压缩强度计算时，自然应该使用削弱后的横截面面积。

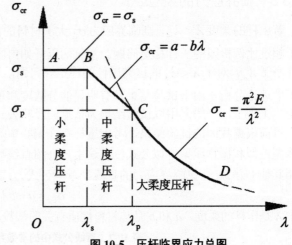

图 10-5　压杆临界应力总图

【**例题 10-2**】　如图 10-6 所示，矩形截面压杆，$b = 12\text{ mm}$，$h = 20\text{ mm}$，$l = 300\text{ mm}$，材料为 Q235 钢。试计算如下约束下的临界压力 P_{cr}。

（1）一端固定，一端自由；

（2）两端铰支（球铰）；

（3）两端固定。

解：对 Q235 钢，查表可得，$\lambda_p \approx 100$，$\lambda_s \approx 61.4$。

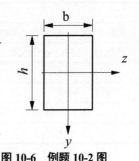

图 10-6　例题 10-2 图

因为矩形截面有，$i_{\min} = \sqrt{\dfrac{I_{\min}}{A}} = \sqrt{\dfrac{\frac{hb^3}{12}}{bh}} = \dfrac{\sqrt{3}}{6}b$

（1）一端固定，一端自由，则 $\mu=2$

$$\lambda_{\max} = \frac{\mu l}{i_{\min}} = \frac{2 \times 0.3}{\frac{\sqrt{3}}{6} \times 0.012} = 173.2 > p \quad，为大柔度杆，可用欧拉公式。$$

所以，$P_{cr1} = \sigma_{cr1} A = \dfrac{\pi^2 E}{\lambda_{\max}^2} A = \dfrac{\pi^2 \times 206 \times 10^9 \times 12 \times 20 \times 10^{-6}}{173.2^2} = 16.3 \text{ kN}$

（2）两端铰支，则 $\mu=1$

$$\lambda_{\max} = \frac{\mu l}{i_{\min}} = \frac{1 \times 0.3}{\frac{\sqrt{3}}{6} \times 0.012} = 86.6 \qquad \lambda_s \leqslant \lambda_{\max} < \lambda_p，为中柔度杆，可用经验公式$$

$$P_{cr2} = (a - b\lambda) A = (304 - 1.12 \times 86.6) \times 10^6 \times 12 \times 20 \times 10^{-6} = 49.7 \text{ kN}$$

（3）两端固定，则 $\mu=0.5$

$$\lambda_{\max} = \frac{\mu l}{i_{\min}} = \frac{0.5 \times 0.3}{\frac{\sqrt{3}}{6} \times 0.012} = 43.3 \qquad \lambda_{\max} < \lambda_s，为小柔度杆，则有$$

$$P_{cr} = \sigma_s A = 235 \times 10^6 \times 12 \times 20 \times 10^{-6} = 56.4 \text{ kN}$$

10.4　压杆稳定校核

10.4.1　稳定校核

压杆稳定计算常采用安全因素（或称系数）法。要使杆件不丧失稳定，不仅要求压杆的工作应力（或压力）不大于临界应力（或压力），而且还需要有稳定的安全储备。临界应力（或压力）与压杆的工作应力（或压力）之比，即为压杆的工作稳定的安全因素 n，它应大于或等于规定的稳定安全因素 n_{st}。即

$$n = \frac{\sigma_{cr}}{\sigma} = \frac{P_{cr}}{P} \geqslant n_{st} \qquad\qquad (10\text{-}10)$$

稳定安全因数 n_{st} 一般要高于强度安全因数。这是因为一些难以避免的因素，如杆件的初弯曲、压力偏心、材料不均匀和支座缺陷等，都严重地影响压杆的稳定，降低了临界压力。而同样的这些因素，对杆件强度的影响却不那么大。关于稳定安全因数 n_{st}，一般可以在设计手册或规范中查到。一般情况下，n_{st} 可采用如下数值：

金属结构中的钢质压杆　$n_{st} = 1.8 \sim 3.0$

矿山设备中的钢质压杆　$n_{st} = 4.0 \sim 8.0$

金属结构中的铸铁压杆　$n_{st} = 4.5 \sim 5.5$

木结构中的木质压杆　　　$n_{st} = 2.5 \sim 3.5$

【**例题10-3**】　如图10-7(a)所示，托架承受载荷 $Q = 10$ kN，已知 AB 杆的外径 $D = 50$ mm，内径 $d = 40$ mm，两端铰支，材料为 Q235 钢，$E = 206$ GPa，若规定稳定安全因数 $n_{st} = 3$，试问 AB 杆是否安全？

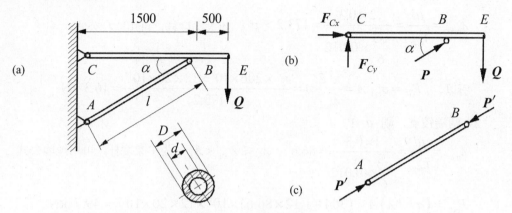

图 10-7　例题 10-3 图

解：（1）计算 AB 杆件的轴向压力 P。

分别取 AB 及 CE 杆为研究对象，受力分别如图 10-7(b)、(c)所示，列平衡方程为：

$$\sum M_C = 0 , \quad P \times 1500\sin 30^\circ - 2000 \times Q = 0$$

可得　　　　　　$$P = \frac{2000 \times 10}{1500\sin 30^\circ} = 26.67 \text{ kN}$$

（2）计算压杆柔度

$$i = \sqrt{\frac{I}{A}} = \sqrt{\frac{(\pi/64)(D^4 - d^4)}{(\pi/4)(D^2 - d^2)}} = \frac{\sqrt{D^2 + d^2}}{4} = \frac{\sqrt{50^2 + 40^2}}{4} = 16 \text{ mm}$$

$$l = \frac{1500}{\cos 30^\circ} = 1732 \text{ mm} , \qquad \lambda = \frac{\mu l}{i} = \frac{1 \times 1732}{16} = 108.2$$

（3）计算杆件的临界应力

由表 10-2 查得，$\lambda > \lambda_p = 100$ 为大柔度杆，所以

$$\sigma_{cr} = \frac{\pi^2 E}{\lambda^2} = \frac{3.14^2 \times 206 \times 10^9}{108.2^2} = 173.48 \text{ MPa}$$

（4）校核稳定性

压杆工作应力　　　$$\sigma = \frac{P}{A} = \frac{4 \times 26.67 \times 10^3}{3.14 \times (50^2 - 40^2) \times 10^{-6}} = 37.8 \times 10^6 \text{ Pa}$$

稳定安全系数　　　$$n = \frac{\sigma_{cr}}{\sigma} = \frac{173.48}{37.8} = 4.59 > n_{st} = 3$$

所以，压杆满足稳定要求。

10.4.2　提高压杆稳定性的措施

压杆的临界应力或临界压力的大小，直接反映了压杆稳定性的高低。提高压杆稳定性的关键在于提高压杆的临界应力或临界压力，而影响压杆临界应力或临界压力的因素有：压杆的截面形状、长度和约束条件、材料的性质等。因此，提高压杆的稳定性的措施有：

（1）选择合理的截面形状

从欧拉公式 $\sigma_{cr} = \dfrac{\pi^2 E}{\lambda^2}$ 和直线型经验公式 $\sigma_{cr} = a - b\lambda$ 可看到，柔度 λ 越小，临界应力越大。

由 $\lambda = \dfrac{\mu l}{i} = \mu l \sqrt{\dfrac{I}{A}}$ 可知，在压杆的其他条件相同的情况下，应尽可能增大截面的惯性矩或惯性半径。例如，在横截面面积相同的情况下，应尽可能使截面材料远离截面的中性轴，采用空心截面比实心截面更合理（但壁厚也不宜太薄，以防止局部失稳）。同时，压杆的截面形状应使压杆各个纵向平面内的柔度相等或者基本相等，即压杆在各纵向平面内的稳定性相同，即所谓的等稳定性设计。若压杆的各个方向的约束相同，就应使截面对任一形心轴的惯性矩或惯性半径相等，即采用圆形、圆环形或正方形等截面形式；若压杆在两个主弯曲平面内的约束不同，如连杆，则采用矩形、工字形或组合截面。

（2）改变压杆的约束条件或者增加中间支座

从式（10-2）可以看出，改变压杆的支座情况及压杆的有效长度 l，都直接影响临界压力的大小。从表 10-1 可知，两端约束加强，长度系数 μ 增大。此外，减小长度 l，如中间支座的使用等，也可大大增大杆件的临界压力 P_{cr}。如图 10-8 所示，杆件的临界压力变为：

$$P_{cr} = \frac{\pi^2 EI}{\left(\dfrac{l}{2}\right)^2} = \frac{4\pi^2 EI}{l^2}$$

临界压力为原来的四倍。

（3）合理选择材料

大柔度压杆，临界应力与材料的弹性模量 E 成正比。因此，钢制压杆比铜、铸铁或铝制压杆的临界载荷高。但各种钢材的 E 基本相同，所以对大柔度杆选用优质钢材与低碳钢并无多大差别。

中柔度压杆，由临界应力总图可以看到，材料的屈服极限 σ_s 和比例极限 σ_p 越高，则临界应力就越大。这时选用优质钢材会提高压杆的承载能力。

小柔度压杆，本来就是强度问题，优质钢材的强度高，其承载能力的提高是显然的。

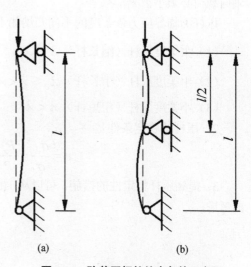

图 10-8　改善压杆的约束条件示意图

（4）改善结构的形式

对于压杆，除了可以采取上述几方面的措施以提高其承载能力外，在可能的条件下，还可以从结构方面采取相应的措施。如图 10-9(a)中的压杆 *AB* 改变为图 10-9(b)中的拉杆 *AB*。

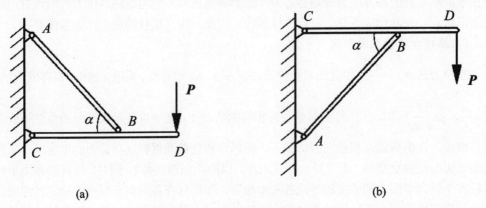

(a)   (b)

图 10-9   改善结构形式示意图

本章小结

1. 本章讨论了压杆在轴向压力作用下的稳定问题。当载荷小于某一值时，其直线平衡状态是稳定的；当载荷等于或大于某一值时，其直线平衡状态是不稳定的。这种使压杆由稳定平衡变为不稳定平衡的载荷值，称为临界压力或临界力，记为 P_{cr}。若要保持压杆稳定，其轴向载荷必须小于 P_{cr}。

压杆的临界应力依柔度的不同归纳如下：

（1）大柔度压杆（细长杆）$\lambda \leqslant \lambda_p$，　　　　　　$\sigma_{cr} = \dfrac{\pi^2 E}{\lambda^2}$

（2）中柔度压杆（中长杆）$\lambda_s \leqslant \lambda < \lambda_p$，　　　　$\sigma_{cr} = a - b\lambda$

（3）小柔度压杆（粗短杆）$\lambda < \lambda_s$，　　　　　　$\sigma_{cr} = \sigma_s$

2．压杆的稳定条件是

$$n = \frac{\sigma_{cr}}{\sigma} = \frac{P_{cr}}{P} \geqslant n_{st}$$

3．提高压杆稳定性的措施，可以从压杆材料、截面形状、支承长度和约束方式这几个方面考虑。

附录　热轧工字钢（GB 706—88）

符号意义：
h—高度；
b—腿宽度；
d—腰宽度；
t—平均腿厚度；
r—内圆弧半径；
r₁—腿端圆弧半径；
I—惯性矩；
W—抗弯截面系数；
i—惯性半径；
S—半截面的静力矩。

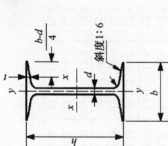

型号	尺寸/mm						截面面积/cm²	理论质量/(kg·m⁻¹)	参考数值						
	h	b	d	t	r	r₁			x-x				y-y		
									I_x/cm⁴	W_x/cm³	i_x/cm	$I_x:S_x$/cm	I_y/cm⁴	W_y/cm³	i_y/cm
10	100	68	4.5	7.6	6.5	3.3	14.345	11.261	245	49.0	4.14	8.59	33.0	9.72	1.52
12.6	126	74	5.0	8.4	7.0	3.5	18.118	14.223	488	77.5	5.20	10.8	46.9	12.7	1.61
14	140	80	5.5	9.1	7.5	3.8	21.516	16.890	712	102	5.76	12.0	64.4	16.1	1.73
16	160	88	6.0	9.9	8.0	4.0	26.131	20.513	1130	141	6.58	13.8	93.1	21.2	1.89
18	180	94	6.5	10.7	8.5	4.3	30.756	24.143	1660	185	7.36	15.4	122	26.0	2.00
20a	200	100	7.0	11.4	9.0	4.5	35.578	27.929	2370	237	8.15	17.2	158	31.5	2.12
20b	200	102	9.0	11.4	9.0	4.5	39.578	31.069	2500	250	7.96	16.9	169	33.1	2.06
22a	220	110	7.5	12.3	9.5	4.8	42.128	33.070	3400	309	8.99	18.9	225	40.9	2.31
22b	220	112	9.5	12.3	9.5	4.8	46.528	36.524	3570	325	8.78	18.7	239	42.7	2.27

斜度1:6

$\dfrac{b-d}{4}$

（续表）

| 型号 | 尺寸/mm | | | | | | 截面面积/cm² | 理论质量/(kg·m⁻¹) | 参考数值 | | | | | | |
| | h | b | d | t | r | r_1 | | | x-x | | | | y-y | | |
									I_x/cm⁴	W_x/cm³	i_x/cm	$I_x:S_x$/cm	I_y/cm⁴	W_y/cm³	i_y/cm
25a	250	116	8.0	13.0	10.0	5.0	48.541	38.105	5020	402	10.2	21.6	280	48.3	2.40
25b	250	118	10.0	13.0	10.0	5.0	53.541	42.030	5280	423	9.94	21.3	309	52.4	2.40
28a	280	122	8.5	13.7	10.5	5.3	55.404	43.492	7110	508	11.3	24.6	345	56.6	2.50
28b	280	124	10.5	13.7	10.5	5.3	61.004	47.888	7480	534	11.1	24.2	379	61.2	2.49
32a	320	130	9.5	15.0	11.5	5.8	67.156	52.717	11100	692	12.8	27.5	460	70.8	2.62
32b	320	132	11.5	15.0	11.5	5.8	73.556	57.741	11600	726	12.6	27.1	502	76.0	2.61
32c	320	134	13.5	15.0	11.5	5.8	79.956	62.765	12200	760	12.3	26.3	544	81.2	2.61
36a	360	136	10.0	15.8	12.0	6.0	76.480	60.037	15800	875	14.4	30.7	552	81.2	2.69
36b	360	138	12.0	15.8	12.0	6.0	83.680	65.689	16500	919	14.1	30.3	582	84.3	2.64
36c	360	140	14.0	15.8	12.0	6.0	90.880	71.341	17300	962	13.8	29.9	612	87.4	2.60
40a	400	142	10.5	16.5	12.5	6.3	86.112	67.598	21700	1090	15.9	34.1	660	93.2	2.77
40b	400	144	12.5	16.5	12.5	6.3	94.112	73.878	22800	1140	16.5	33.6	692	96.2	2.71
40c	400	146	14.5	16.5	12.5	6.3	102.112	80.158	23900	1190	15.2	33.2	727	99.6	2.65
45a	450	150	11.5	18.0	13.5	6.8	102.446	80.420	32200	1430	17.7	38.6	855	114	2.89
45b	450	152	13.5	18.0	13.5	6.8	111.446	87.485	33800	1500	17.4	38.0	894	118	2.84
45c	450	154	15.5	18.0	13.5	6.8	120.446	94.550	35300	1570	17.1	37.6	938	122	2.79

（续表）

型号	尺寸/mm						截面面积 /cm²	理论质量 /(kg·m⁻¹)	参考数值						
									x-x				y-y		
	h	b	d	t	r	r_1			I_x /cm⁴	W_x /cm³	i_x /cm	$I_x:S_x$ /cm	I_y /cm⁴	W_y /cm³	i_y /cm
50a	500	158	12.0	20.0	14.0	7.0	119.304	93.654	46500	1860	19.7	42.8	1120	142	3.07
50b	500	160	14.0	20.0	14.0	7.0	129.304	101.504	48600	1940	19.4	42.4	1170	146	3.01
50c	500	162	16.0	20.0	14.0	7.0	139.304	109.354	50600	2080	19.0	41.8	1220	151	2.96
56a	560	166	12.5	21.0	14.5	7.3	135.435	106.316	65600	2340	22.0	47.7	1370	165	3.18
56b	560	168	14.5	21.0	14.5	7.3	146.635	115.108	68500	2450	21.6	47.2	1490	174	3.16
56c	560	170	16.5	21.0	14.5	7.3	157.835	123.900	71400	2550	21.3	46.7	1560	183	3.16
63a	630	176	13.0	22.0	15.0	7.5	154.658	121.407	93900	2980	24.5	54.2	1700	193	3.31
63b	630	178	15.0	22.0	15.0	7.5	167.258	131.298	98100	3160	24.2	53.5	1810	204	3.29
63c	630	180	17.0	22.0	15.0	7.5	179.858	141.189	102000	3300	23.8	52.9	1920	214	3.27

注：截面图和表中标注的圆弧半径 r、r_1 的数据用于孔型设计，不作为交货条件。

习题部分

第1章

一、选择题

1-1 在任何情况下，体内任意两点间距离都不会改变的物体，称为_____。

    A．液体   B．刚体   C．固体   D．硬物

1-2 物体处于平衡态，是指物体相对于惯性参考系保持_____。

    A．静止   B．匀速直线运动   C．A和B   D．A或B

1-3 力的效应可分为_____。

    A．平动效应和转动效应   B．外效应和内效应

    C．加速效应和减速效应   D．拉效应和压效应

1-4 力使物体运动状态发生改变的效应称为力的_____。

    A．外效应   B．内效应   C．加速效应   D．A和B

1-5 力使物体发生变形的效应称为力的_____。

    A．外效应   B．内效应   C．拉伸效应   D．A和B

1-6 力的三要素分别是力的大小、力的方向和_____。

    A．力的作用点   B．力的数量   C．力的作用线   D．力的分布

1-7 下列_____不是作用在物体上的力的等效的条件。

    A．力的大小相等   B．力的方向相同

    C．力的作用点相同   D．力的分布相同

1-8 作用在物体上的力是_____。

    A．定位矢量   B．滑动矢量   C．旋转矢量   D．双向矢量

1-9 作用在刚体上的力是_____。

    A．定位矢量   B．滑动矢量   C．旋转矢量   D．双向矢量

1-10 如果某一力系作用在物体上，使物体处于平衡状态，则该力系称为_____。

    A．平衡力系   B．等效力系   C．平面力系   D．汇交力系

1-11 刚体受三力作用而处于平衡状态，则此三力的作用线_____。

    A．必汇交于一点   B．必互相平行

    C．必都为零   D．必位于同一平面内

1-12 若一个力系对物体的作用可用另一个力系代替，而不改变原力系对物体的作用效果，则称这两个力系为_____。

    A．平衡力系   B．等效力系   C．平面力系   D．汇交力系

1-13 当一个物体的运动受到周围物体的限制时，这些周围的物体就称为_____。

A. 限制　　　　　B. 约束　　　　　C. 制约　　　　　D. 控制体

1-14 约束反力的方向与该约束所能限制的运动方向_____。

A. 相同　　　　　B. 相反　　　　　C. 无关　　　　　D. 视具体情况而定

1-15 在受力分析中，把研究对象从周围物体中分离出来，单独画出它的轮廓图形，该研究对象称为_____。

A. 研究体　　　　B. 轮廓图　　　　C. 分离体　　　　D. 受力分析

二、填空题

1-16 在力系中，所有力的作用线均汇交于一点，则该力系称为_____；如果所有力的作用线均相互平行，则该力系称为_____；如果所有力的作用线既不汇交于一点，也不全部相互平行，则该力系称为_____。

1-17 柔性约束的受力特点是_____。属于柔性约束的有_____。一般情况下，绳索的约束反力可用_____来表示。

1-18 光滑接触面约束限制物体沿接触面的_____运动，不能限制物体沿接触面的_____运动。一般情况下，光滑面约束的约束反力可用_____来表示。

1-19 常见的铰链约束有三种，即_____。铰链约束使其连接的两构件间_____彼此的相对平移，_____彼此的相对转动。

1-20 将构件和固定支座在连接处钻上圆孔，再用圆柱形销钉串联起来，使构件只能绕销钉的轴线转动，这种约束称为_____。一般情况下，这种约束的约束反力可用_____来表示。

1-21 将构件的铰链支座用几个圆柱形滚子支承在光滑平面上，这种约束称为_____。一般情况下，这种约束的约束反力可用_____来表示。

1-22 如果两个构件用圆柱形光滑销钉连接，这种约束称为_____。一般情况下，这种约束的约束反力可用_____来表示。

三、画受力图

1-23 试画出以下各题圆盘或杆 AB 的受力图，摩擦不计，未画重力的物体的重量均不计。

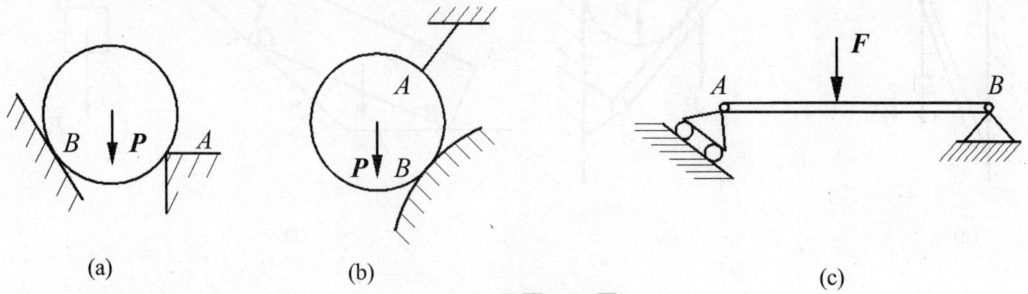

(a)　　　　　　　(b)　　　　　　　(c)

习题 1-23 图

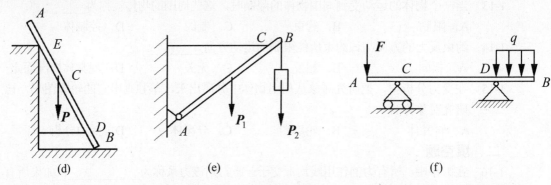

(d)　　　　　　　　(e)　　　　　　　　(f)

习题 1-23 图

1-24　试画出以下各题中指定物体的受力图，摩擦不计，未画重力的物体的重量均不计。(a) AB 杆的受力图以及整体受力图；(b) AB 杆的受力图；(c) AB 杆、CD 杆的受力图以及整体受力图；(d) 销钉 B 的受力图；(e) AB 杆、圆柱 C 的受力图以及整体受力图；(f) 物体 BD、轮 A 的受力图以及整体受力图。

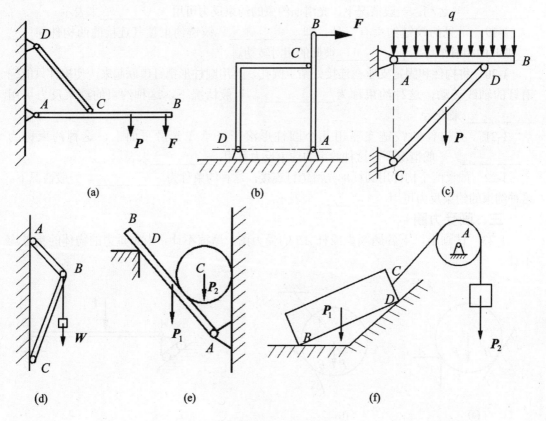

(a)　　　　　　　　(b)　　　　　　　　(c)

(d)　　　　　　　　(e)　　　　　　　　(f)

习题 1-24 图

第 2 章

一、选择题

2-1 一个力沿任一组正交的坐标轴分解所得的分力的大小和这个力在该坐标轴上的投影的大小的关系是_____。

   A. 前者大于后者   B. 前者小于后者

   C. 前者等于后者   D. 不能确定

2-2 关于力的分解和力的投影之间的关系，以下错误的是_____。

   A. 力在直角坐标轴上的投影分量与沿该两轴分解的分力大小相等

   B. 力在相互不垂直的两个轴上的投影分量与沿这两轴分解的分力大小是不相等的

   C. 分力的大小小于或等于力的投影的大小

   D. 合力在任一轴上的投影，等于各分力在同一轴上投影的代数和

2-3 力 F 作用在长方体的侧平面 $BCDE$ 上，于是此力在 Ox、Oy、Oz 轴上的投影应为_____。

   A. $F_x>0$，$F_y=0$，$F_z<0$

   B. $F_x>0$，$F_y\neq0$，$F_z>0$

   C. $F_x<0$，$F_y=0$，$F_z<0$

   D. $F_x<0$，$F_y=0$，$F_z>0$

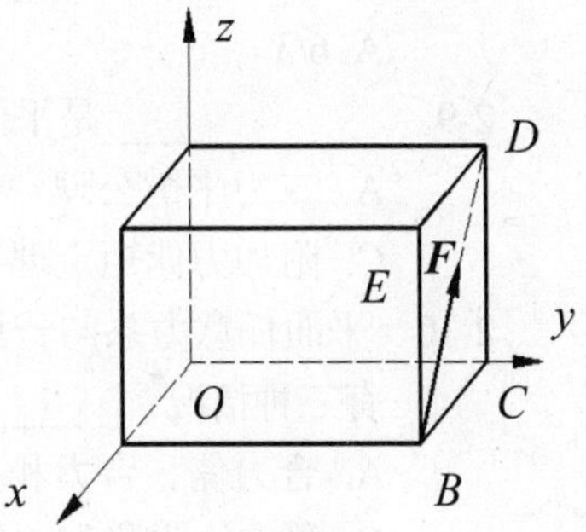

2-4 力偶对物体作用的外效应是_____。

   A. 纯转动效应   B. 纯平动效应

   C. 位移效应   D. 拉动效应

习题 2-3 图

2-5 图示四个力偶中，_____是等效的。

   A. (a)与(b)与(c)   B. (b) 与(c)

   C. (c)与(d)   D. (a)与(b)与(d)

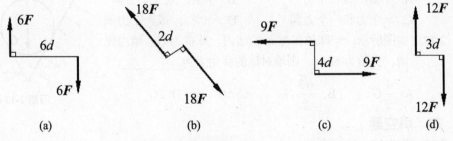

(a)   (b)   (c)   (d)

习题 2-5 图

2-6 图示半径为 r 的鼓轮，作用有力偶 M，鼓轮左边吊着重为 P 的重物，它们使鼓轮处于平衡，轮的状态表明_____。

   A. 力偶可以与一个力平衡

   B. 力偶不能与力偶平衡

   C. 力偶只能与力偶平衡

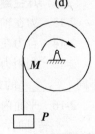

习题 2-6 图

D. 一定条件下，力偶可以与一个力平衡

2-7　将题图(a)所示的力偶 **M** 移至题图(b)的位置，则_____。

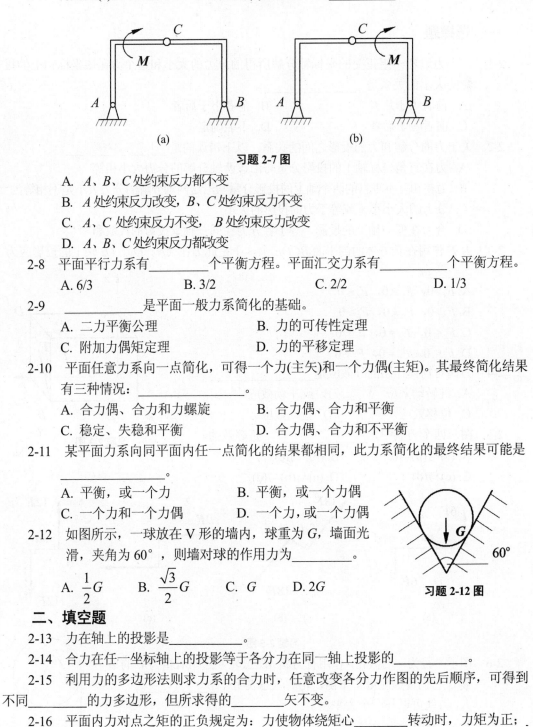

(a)　　　　　　　　　　(b)

习题 2-7 图

A. *A*、*B*、*C* 处约束反力都不变

B. *A* 处约束反力改变，*B*、*C* 处约束反力不变

C. *A*、*C* 处约束反力不变，*B* 处约束反力改变

D. *A*、*B*、*C* 处约束反力都改变

2-8　平面平行力系有_____个平衡方程。平面汇交力系有_____个平衡方程。

A. 6/3　　　　　　B. 3/2　　　　　　C. 2/2　　　　　　D. 1/3

2-9　_____是平面一般力系简化的基础。

A. 二力平衡公理　　　　　　B. 力的可传性定理

C. 附加力偶矩定理　　　　　D. 力的平移定理

2-10　平面任意力系向一点简化，可得一个力(主矢)和一个力偶(主矩)。其最终简化结果有三种情况：_____。

A. 合力偶、合力和力螺旋　　　B. 合力偶、合力和平衡

C. 稳定、失稳和平衡　　　　　D. 合力偶、合力和不平衡

2-11　某平面力系向同平面内任一点简化的结果都相同，此力系简化的最终结果可能是_____。

A. 平衡，或一个力　　　　　B. 平衡，或一个力偶

C. 一个力和一个力偶　　　　D. 一个力，或一个力偶

2-12　如图所示，一球放在 V 形的墙内，球重为 G，墙面光滑，夹角为 60°，则墙对球的作用力为_____。

A. $\dfrac{1}{2}G$　　B. $\dfrac{\sqrt{3}}{2}G$　　C. G　　D. 2G

习题 2-12 图

二、填空题

2-13　力在轴上的投影是_____。

2-14　合力在任一坐标轴上的投影等于各分力在同一轴上投影的_____。

2-15　利用力的多边形法则求力系的合力时，任意改变各分力作图的先后顺序，可得到不同_____的力多边形，但所求得的_____矢不变。

2-16　平面内力对点之矩的正负规定为：力使物体绕矩心_____转动时，力矩为正；_____转动时，力矩为负。

2-17　_____合力矩定理。

2-18 力偶无合力，力偶也不能与一个力等效，力偶只能用_____来平衡。

2-19 平面汇交力系的合力等于各力的_____和，合力的作用线通过各力的_____。

2-20 平面汇交力系平衡的几何条件是_____。

2-21 平面力偶系平衡的充分必要条件是_____。

2-22 平面任意力系向作用面内一点的简化，在_____，_____情况下，主矩与简化中心的选择无关。

2-23 平面任意力系，有_____个独立的平衡方程，可求解_____个未知量。

三、计算题

2-24 如图所示简支梁受集中载荷 F 的作用，已知 $F = 20$ kN，若不计梁的自重和摩擦，用几何法求图示两种情况下支座 A、B 的约束反力。

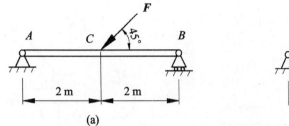
(a)

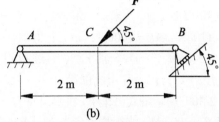
(b)

习题 2-24 图

2-25 在图示钢架的点 B 作用一水平力 F，钢架重量略去不计。求支座 A、D 的反力。

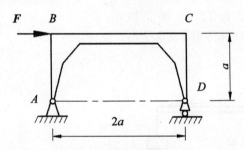

习题 2-25 图

2-26 铰链四杆机构 $CABD$ 的 CD 边固定，在铰链 A、B 处有力 F_1、F_2 作用，如图所示。该机构在图示位置平衡，杆重略去不计。求力 F_1 与 F_2 的关系。

2-27 在图示结构中，各构件的自重略去不计。在构件 AB 上作用一力偶矩为 M 的力偶，求支座 A 和 C 的约束反力。

2-28 如图所示，直角弯杆 $ABCD$ 与直杆 DE 及 EC 铰接，作用在 DE 杆上力偶的力偶矩 $M = 40$ kN·m，不计各杆件自重，不考虑摩擦，尺寸如图。求支座 A、B 处的约束力及 EC 杆受力。

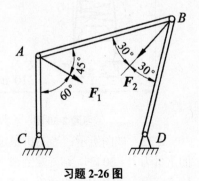

习题 2-26 图

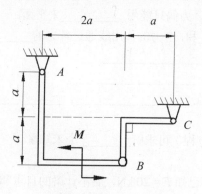

习题 2-27 图

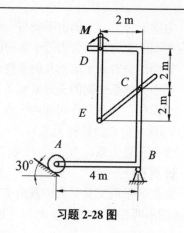

习题 2-28 图

2-29　如图所示的平面任意力系，已知 $F_1 = 40\sqrt{2}$ N，F_2（未知，未画出），$F_3 = 40$ N，$F_4 = 110$ N，$M = 2000$ N·m，它们的合力大小为 $F_R = 150$ N，方向与 x 轴平行，且过 O 点。求：力 F_2 的大小、方向及作用线位置。

2-30　图示塔式吊车中，机身自重 $G = 400$ kN，载荷 $F = 200$ kN，平衡物重量为 W。求吊车不致翻倒时 W 应满足的条件。

2-31　已知汽车前轮压力为 10 kN，后轮压力为 20 kN，汽车前后轮间距为 2.5 m，桥长 20 m，桥重不计。求：后轮与支座 A 距离 x 为多大时，支座 A、B 受力相等。

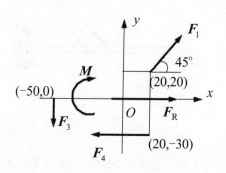

习题 2-29 图

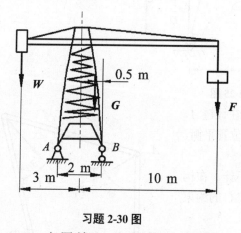

习题 2-30 图

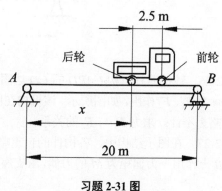

习题 2-31 图

2-32　如图所示，当飞机稳定航行时，所有作用在它上面的力必须相互平衡。已知飞机的重量为 $P = 30$ kN，螺旋桨的牵引力 $F = 4$ kN。飞机的尺寸：$a = 0.2$ m，$b = 0.1$ m，$c = 0.05$ m，$l = 5$ m。求阻力 F_x、机翼升力 F_{y1} 和尾部的升力 F_{y2}。

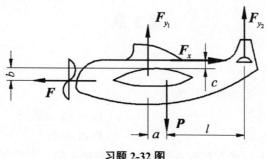

习题 2-32 图

2-33 由 AC 和 CD 构成的组合梁通过铰链 C 连接，它的支承和受力如图所示。已知均布载荷强度 $q = 10$ kN/m，力偶矩 $M = 40$ kN·m，不计梁重。求支座 A、B、D 的约束反力和铰链 C 处所受的力。

2-34 不计图示构架中各杆件重量，力 $P = 40$ kN，各尺寸如图，求铰链 A、B、C 处受力。

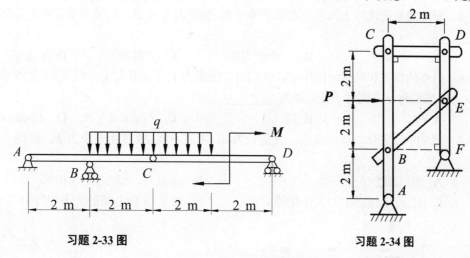

习题 2-33 图

习题 2-34 图

2-35 构架由杆 AB、AC 和 DH 铰接而成，如图所示，在 DEH 杆上作用一力偶矩为 M 的力偶。不计各杆的自重，求 AB 杆上铰链 A、D 和 B 所受的力。

2-36 在图示构架中，载荷 $P = 1000$ N，A 处为固定端，B、C、D 处为铰链，不计各杆自重，求固定端 A 处及铰链 B、C 处的约束反力。

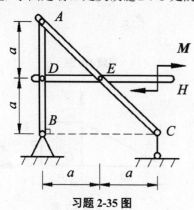

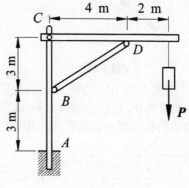

习题 2-35 图

习题 2-36 图

第3章

一、选择题

3-1 空间任意力系一般可以简化为_____。

    A. 一个汇交力系   B. 一个力偶系

    C. 一个平衡力系   D. A 和 B

3-2 空间任意力系向三个互相垂直的坐标平面投影可得三个平面力系，每个平面力系有三个平衡方程，因此共有 9 个平衡方程，但是只能求出的未知量的个数是_____个。

    A. 3   B. 4   C. 6   D. 9

3-3 空间力系的主矢等于 0，主矩不等于 0，则该力系简化的最终结果是_____。

    A. 一个合力   B. 一个合力偶   C. 平衡   D. A 和 B

3-4 空间力系简化后主矢和主矩都不等于 0，但相互不垂直，则该力系简化的最终结果是_____。

    A. 一个合力   B. 一个合力偶   C. 力螺旋   D. A 或 C

3-5 门框的位置和尺寸如图所示，开门时手的推力 F 作用在与 y-z 平面平行的平面内，并与 y 方向成夹角 α，则对 y 轴之矩为_____。

    A. Fh B. Fb C. $Fb\sin\alpha$ D. $Fb\cos\alpha$

3-6 已知一正方体，如图所示，各边长为 a，沿对角线 AB 作用一个力 F，则该力_____。

    A. 对三轴之矩全不等   B. 对 x、y、z 轴之矩全相等

    C. 对 x、y 轴之矩的大小相等   D. 对 y、z 轴之矩的大小相等

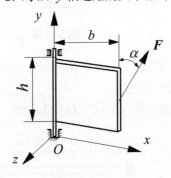

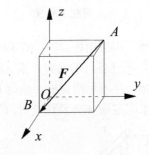

习题 3-5 图

习题 3-6 图

3-7 有重力为 W、边长为 a 的均质正方形薄板，与一重力为 $0.75W$、边长分别为 a 和 $2a$ 的直角均质三角形薄板组成的梯形板，如图所示。其重心的坐标（x_c，y_c）为_____。

    A. $\dfrac{1}{2}a$，$\dfrac{1}{7}a$ B. 0，$\dfrac{3}{7}a$

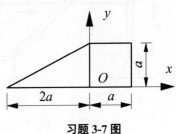

习题 3-7 图

C. $\dfrac{1}{2}a$，$\dfrac{2}{7}a$ D. 0，0

二、填空题

3-8 空间力系的合力投影定理的含义是：力系的合力在某轴上的投影等于力系各力在同一轴上投影的_____。

3-9 空间力系的合力对某轴之矩，等于各分力对同一轴之矩的_____。

3-10 过 A 点 $(3,4,0)$ 的力 F 在 x 轴上的投影 $F_x=20\ \text{kN}$，在 y 轴上的投影 $F_y=20\ \text{kN}$，在 z 轴上的投影 $F_z=20\sqrt{2}\ \text{kN}$，则该力大小为_____，其对 x 轴的矩为_____，其对 y 轴的矩为_____，其对 z 轴的矩为_____。

3-11 力 $F=10\ \text{kN}$，由作用点 A 点（3，4，0）指向 B 点（0，4，4）（长度单位 mm），则该力在 x 轴上的投影 $F_x=$_____，在 y 轴上的投影 $F_y=$_____，在 z 轴上的投影 $F_z=$_____；其对 x 轴的矩为_____，其对 y 轴的矩为_____，其对 z 轴的矩为_____。

3-12 空间汇交力系合成的结果为一个合力，合力通过力系各力的_____，并等于各分力的_____。空间任意力系向一点简化得到的主矢与简化中心的选择_____关；得到的主矩等于力系各力对简化中心的矩的_____。

3-13 有限物体的形心和重心相重合的条件是_____。

三、计算题

3-14 如图所示，空间构架由三根不计自重的直杆组成，在 D 端用球铰链连接，A、B 和 C 端则用球铰链固定在水平地板上。已知：$\angle DBA=\angle DAB=45°$，$\angle DOy=30°$，$\angle DCy=15°$，$D$ 端所吊重物 $P=10\ \text{kN}$，试求杆 AD、BD、CD 所受的力。

3-15 如图所示，均质等厚的正方形平板由 3 个定滑轮用 3 根钢索匀速吊起，若平板边长为 l，板重 1200 N，求每根钢索的张力。

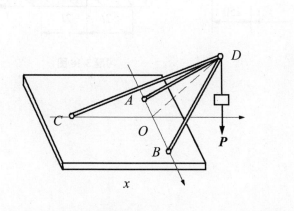

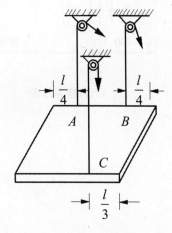

习题 3-14 图   习题 3-15 图

3-16 如图所示，空间角形钢架由杆 OA、OB 和 OD 在 O 处焊接而成，A、B 和 D 处由光滑的吊环螺柱支承。已知 $a=100\ \text{mm}$，$b=120\ \text{mm}$，$c=150\ \text{mm}$，作用力 $P=350\ \text{N}$，求 A、B、D 三处的约束力。（不计杆自重）

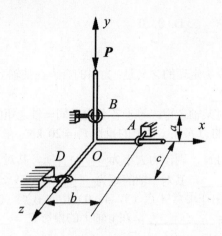

习题 3-16 图

3-17　如图所示水平传动轴有两个皮带轮 A、B，直径均为 $d = 500\ \text{mm}$，A 轮上的皮带为水平，B 轮上的皮带为铅垂，设 $T_1 = 2T_1' = 2\ \text{kN}$，$T_2 = 2T_2'$。求平衡情况下的拉力 T_2 和轴承 C、D 处的约束力。

3-18　如图所示均质板，已知 $l = 60\ \text{mm}$，$r = 60\ \text{mm}$，试求该图形的形心坐标。

（提示：半圆形的形心到圆心的距离 $h = \dfrac{4r}{3\pi}$）

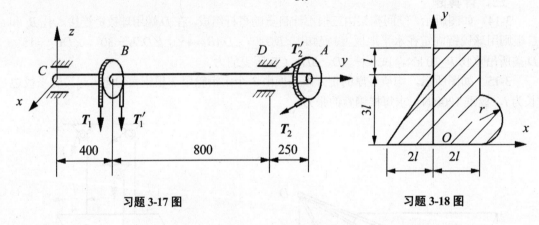

习题 3-17 图 　　　　　　　　　　　　　 习题 3-18 图

3-19　求下列图形的形心位置。

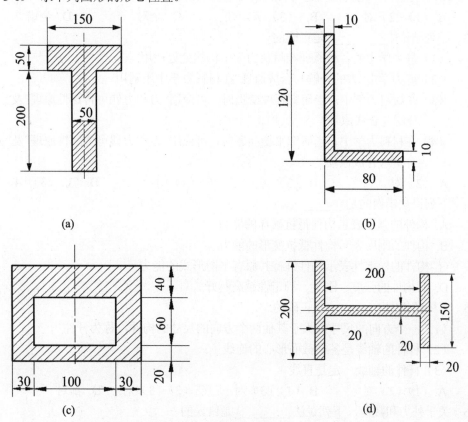

(a)

(b)

(c)

(d)

习题 3-19 图

第 4 章

一、选择题

4-1　下列结论中_____是正确的。

A. 材料力学的任务是研究各种材料的力学问题

B. 材料力学的任务是在保证安全的原则下设计构件或零件

C. 材料力学的任务是在力求经济的原则下设计构件或零件

D. 材料力学的任务是在既安全又经济的原则下为设计构件或零件提供分析计算的基本理论和方法

4-2　下列结论中_____是正确的。

（1）静力学主要研究受力物体平衡时作用力所应满足的条件；同时也研究物体受力的分析方法，以及力系简化的方法等

（2）材料力学主要研究杆件受力后变形与破坏的规律

（3）静力学研究的问题不涉及材料的力学性质

  （4）材料力学研究的问题与材料的力学性质密切相关

  A.（1）（2）对 B.（3）（4）对 C. 全对 D. 全错

4-3 下列结论中_____是正确的。

  （1）静力学中的各种原理在材料力学中仍然处处适用

  （2）静力学中"力的分解与合成原理"在材料力学中不适用

  （3）在材料力学中，当研究杆件变形时，可应用"力和力偶可传递性原理"及"力的分解与合成原理"

  （4）在材料力学中，当研究平衡问题时，可应用"力和力偶可传递性原理"及"力的分解与合成原理"

  A.（2）对 B.（3）对 C.（4）对 D.（1）（3）（4）对

4-4 下列说法错误的是_____。

  A. 构件的强度表示构件抵抗破坏的能力

  B. 构件的刚度表示构件抵抗变形的能力

  C. 构件的稳定性表示构件维持其原有平衡形式的能力

  D. 对构件的强度、刚度、稳定性越高越好

4-5 下列结论中_____是正确的。

  （1）一个方向的尺寸远大于其他两个方向的尺寸的构件，称为杆件

  （2）杆件的轴线是各横截面形心的连线

  （3）杆件的轴线一定是直线

  A.（1）（2）对 B.（1）（3）对 C.（2）（3）对 D. 都对

4-6 关于外力和载荷，下列说法_____是错误的

  A. 外力可以是力，也可以是力偶 B. 外力包括载荷和约束反力

  C. 载荷包括分布载荷 D. 载荷只能是静载荷，不能是动载荷

4-7 材料力学的内力是指_____。

  A. 不受任何外力时物体内部各质点之间所存在着的相互作用力

  B. 在任何外力作用下物体内部各质点之间所存在着的相互作用力

  C. 在外力作用下物体内部各质点之间的相互作用力的改变量

  D. 全对

4-8 下列结论中_____是正确的。

  A. 应力是内力的代数和 B. 应力是内力的平均值

  C. 应力是内力的集度 D. 应力必大于内力

4-9 低碳钢在屈服阶段将发生_____变形。

  A. 弹性 B. 线弹性 C. 塑性 D. 弹塑性

4-10 塑性材料经冷作硬化处理后，它的_____将得到提高。

  A. 强度极限 B. 比例极限 C. 延伸率 D. 截面收缩率

4-11 对低碳钢试件进行拉伸试验，测得其弹性模量 $E=200\text{ GPa}$，屈服极限 $\sigma_s=240\text{ MPa}$，当试件横截面上的应力 $\sigma=300\text{ MPa}$ 时，测得轴向线应变 $\varepsilon=3.5\times10^{-3}$，随后卸载至 $\sigma=0$，此时，试件的轴向塑性应变（即残余应变）$\varepsilon_p=$ _____。

A. $1.5×10^{-3}$ B. $2.0×10^{-3}$ C. $3.5×10^{-3}$ D. $2.3×10^{-3}$

4-12 低碳钢试件拉伸时，其横截面上的应力公式 $\sigma = \dfrac{F_N}{A}$，适用于_____。

A．只适用于 $\sigma \leqslant \sigma_p$ B．只适用于 $\sigma \leqslant \sigma_e$

C．只适用于 $\sigma \leqslant \sigma_s$ D．在试件拉断前都适用

4-13 在板状试件的表面，沿纵向和横向粘贴两个应变片 ε_1，ε_2。在 P 力作用下，若测得 $\varepsilon_1 = -120×10^{-6}$，$\varepsilon_2 = 40×10^{-6}$，则该试件材料的泊松比为_____。

A．$\mu = 3$ B．$\mu = -3$

C．$\mu = 1/3$ D．$\mu = -1/3$

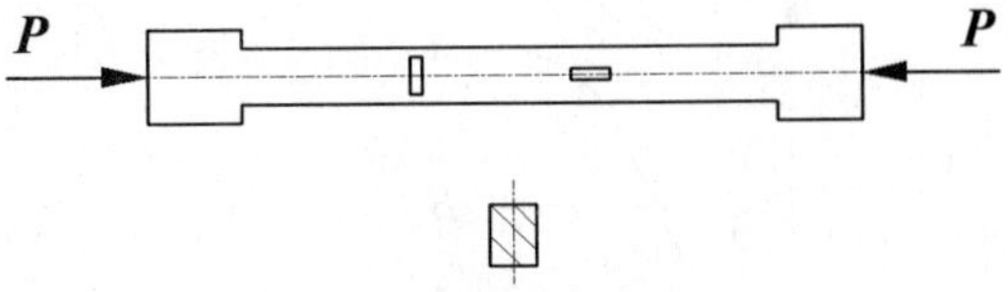

习题 4-13 图

4-14 一等直圆截面杆，若变形前在横截面上画上两个圆形 a 和 b（如图所示），则在轴向拉伸变形后，图中 a、b 分别为_____。

A. 圆形和圆形

B. 圆形和椭圆形

C. 椭圆形和圆形

D. 椭圆形和椭圆形

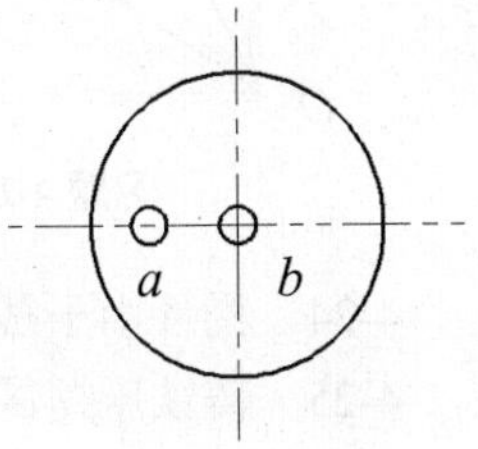

习题 4-14 图

4-15 若两等直杆的长度和横截面面积相同，其中一根为钢杆，另一根为铝杆，受相同的拉力作用，则_____。

A. 铝杆的应力和变形都大于钢杆

B. 铝杆的应力和钢杆相同，而变形大于钢杆

C. 铝杆的应力和变形都小于钢杆

D. 铝杆的应力和钢杆相同，而变形小于钢杆

4-16 由一对大小相等、方向相反、作用线相距很近的横向力作用，使杆件两截面沿外力作用方向产生相对错动的变形，称为_____。

A. 弯曲变形   B. 扭转变形   C. 挤压变形   D. 剪切变形

4-17 受剪切变形的杆件，其横截面上_____。

A. 只有正应力   B. 只有切应力   C. 两者都有   D. 两者都没有

4-18 杆件剪切变形时，其横截面上的切应力实际分布为_____；而计算时，一般假设其横截面上的切应力分布为_____。

（1）梯形分布   （2）抛物线分布   （3）等值分布   （4）不规则分布

A.（4）（3）对   B.（4）（1）对   C.（4）（2）对   D.（1）（3）对

4-19 两块厚均为 5 cm 的钢板叠在一起，用一直径为 2 cm 的贯穿螺栓固定。若钢板受一对拉力 P（大小相等、方向相反、分别作用在两块钢板上）的作用，那么，螺栓所受的切应力为挤压应力的_____倍。

A. 3.183   B. 0.318   C. 0.105   D. 10

4-20 对于圆柱形螺栓，计算用挤压面积是_____。

A.半圆柱面　　　　B. 整个圆柱面　　C. 直径平面　　　D. 半个直径平面

二、填空题

4-21 杆件变形的基本形式是_____、_____、_____和_____。

4-22 图示三种材料的应力—应变曲线，则弹性模量最大的材料是_____；强度最高的材料是_____；塑性最好的材料是_____。

4-23 图示阶梯形杆的总变形为_____。

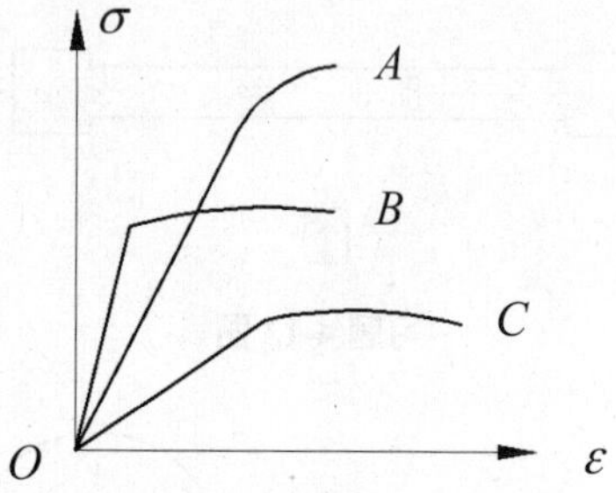

习题 4-22 图

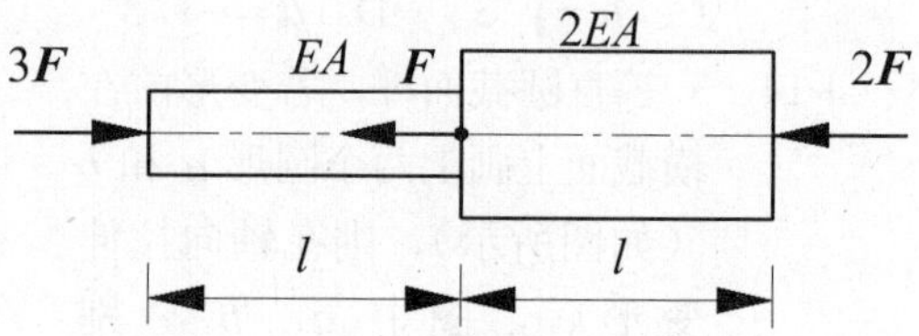

习题 4-23 图

4-24 构件由于截面的_____会发生应力集中现象。

4-25 铸铁压缩试件，破坏是在_____截面发生剪切错动，是由_____引起的。

4-26 当切应力不超过材料的剪切_____极限时，切应变与切应力成正比。

4-27 用剪子剪断钢丝时，钢丝发生剪切变形的同时还会发生_____变形。

4-28 钢板厚度为 t，冲床冲头的直径为 d，今在钢板上冲出一个直径为 d 的圆孔，剪切面的面积为_____。

4-29 如图所示的螺栓连接，在力 F 的作用下，螺栓产生的破坏方式是_____；钢板产生的破坏方式是_____。

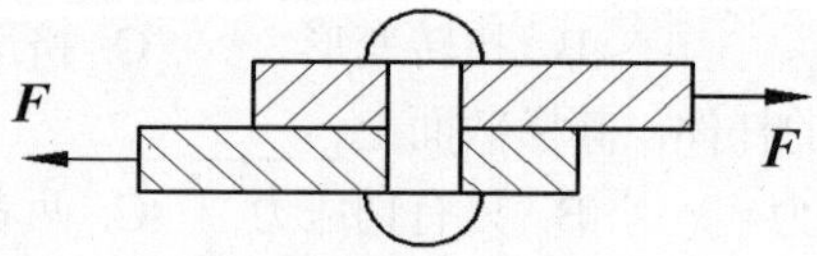

习题 4-29 图

4-30 当挤压面为平面时，挤压面的面积为_____，若挤压面是圆柱面，其挤压面的面积为_____。

三、计算题

4-31 求下列各杆指定截面的轴力，并绘轴力图。

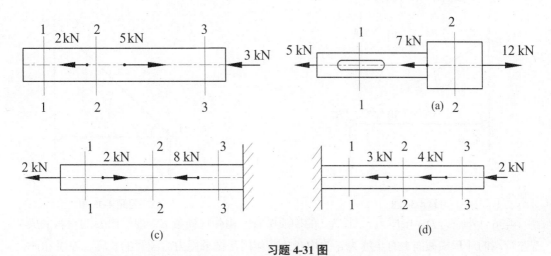

习题 4-31 图

4-32 如图所示，作用于零件上的拉力 $F = 38$ kN，试计算零件内最大拉应力发生于哪个截面上，并求其值。

4-33 如图所示阶梯形钢杆，已知 AB 段直径 $d_1 = 20$ mm，BC 段直径 $d_2 = 40$ mm，材料弹性模量 $E = 200$ GPa，试求杆横截面上的最大正应力和杆的总变形。

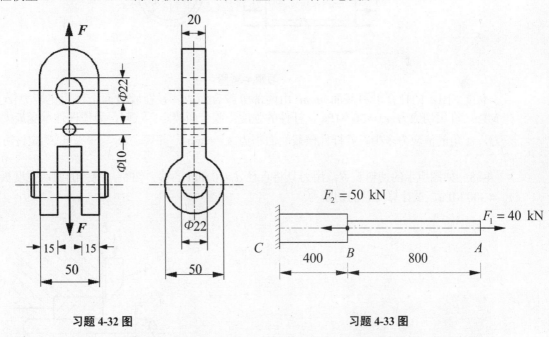

习题 4-32 图   习题 4-33 图

4-34 在下页图示支架中，AB 为木杆，BC 为钢杆。木杆的横截面面积 $A_1 = 100$ cm^2，许用应力 $[\sigma_1] = 7$ MPa；钢杆的横截面面积 $A_2 = 6$ cm^2，许用应力 $[\sigma_2] = 160$ MPa。试求许可吊重 F。

4-35 在下页图示支架中，AC 和 AB 两杆的材料相同，且抗拉和抗压许用应力相等，都

为 $[\sigma]$，杆 AB 长度为 l 且始终保持水平，AC 杆的长度可随 θ 角的大小而变。为使杆系使用的材料最省，试求夹角 θ 的值。

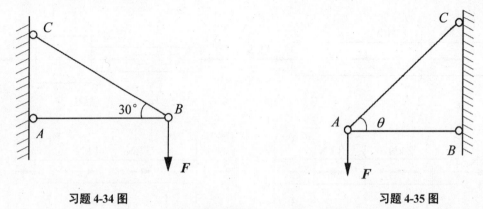

习题 4-34 图   习题 4-35 图

4-36 外径为 D，壁厚为 t、长为 l 的均质圆管，由弹性模量 E、泊松比 μ 的材料制成。若在管端的环形横截面上有集度为 q 的均布载荷作用，试求受力后圆管的长度、厚度和外径的变化。

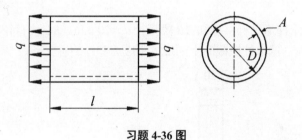

习题 4-36 图

4-37 图示的拉杆沿斜截面 $m\text{-}m$ 由两部分胶合而成。设在胶合面上许用正应力 $[\sigma] = 80$ MPa，许用切应力 $[\tau] = 50$ MPa，杆件的强度由胶合面决定。试问：为使杆件承受最大的拉力，α 角的值应为多少？若杆件横截面面积为 $A = 6 \text{ cm}^2$，并规定 $\alpha \leqslant 60°$，试确定许可载荷 F。

4-38 如图所示的切料装置，用刀具将直径 $d = 10$ mm 的棒料切断，棒料的剪切强度极限 $\tau_b = 300$ MPa，试计算刀具的切断力。

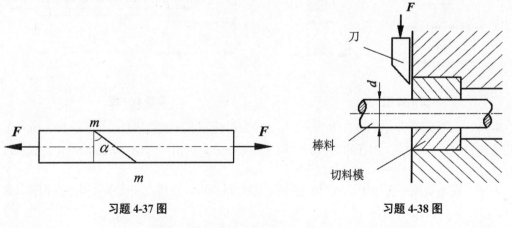

习题 4-37 图   习题 4-38 图

4-39   如图所示的冲床，其最大冲力 $F_{max} = 350$ kN，冲头材料的许用应力 $[\sigma] = 400$ MPa，被冲钢板的剪切强度极限 $\tau_b = 300$ MPa，试确定该冲床在最大冲力下能够冲剪的圆孔最小直径和钢板的最大厚度。

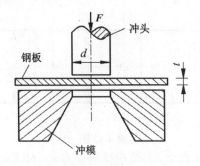

习题 4-39 图

4-40   如图所示的凸缘联轴器连接中，在凸缘直径 $D = 150$ mm 的圆周上均匀分布四个螺栓，已知轴传递的力偶矩 $M = 3$ kN·m，凸缘厚度 $t = 10$ mm，螺栓材料许用切应力 $[\tau] = 100$ MPa，许用挤压应力 $[\sigma_{bs}] = 180$ MPa，试确定螺栓直径 d。

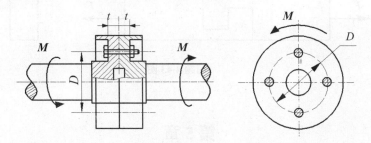

习题 4-40 图

4-41   齿轮与轴用平键连接，其结构如图所示。已知轴所传递的力偶矩 M = 4 kN·m。平键的尺寸分别为 $h = 14$ mm，$b = 20$ mm（宽度），$l = 140$ mm。键在键槽中的高度 $h_0 = h/2$，键的许用切应力 $[\tau] = 60$ MPa，许用挤压应力 $[\sigma_{bs}] = 160$ MPa。试校核键的强度。

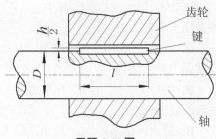

习题 4-41 图

4-42   钢板和铆钉连接如图所示，铆钉的直径 $d = 20$ mm，钢板宽 $b = 100$ mm，厚度 $t = 10$ mm，作用在钢板上的拉力 $F = 80$ kN，钢板的许用拉应力 $[\sigma] = 160$ MPa，铆钉的许用切应力 $[\tau] = 120$ MPa，许用挤压应力 $[\sigma_{bs}] = 260$ MPa，试校核该连接的强度。

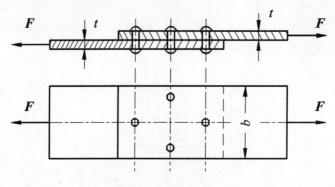

习题 4-42 图

4-43 如图所示的矩形木榫头，其两端受到拉力 $F = 60$ kN 的作用。已知木材的许用切应力 $[\tau] = 1$ MPa，许用挤压应力 $[\sigma_{bs}] = 10$ MPa，$c = 250$ mm。试确定木榫接头的尺寸 a、l。

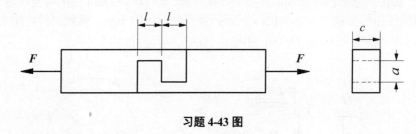

习题 4-43 图

第 5 章

一、选择题

5-1 在柴油机所传递的功率 P 不变的情况下，当轴的转速由 n 变为 $4n$ 时，轴所受的外力偶矩将由 M 变为_____。

A. $4M$ B. $2M$ C. $M/4$ D. 不改变

5-2 受扭转变形的轴，各截面上的内力为_____。

A. 剪力   B. 轴力   C. 弯矩   D. 扭矩

5-3 受扭转变形的轴，各截面上的应力为_____。

A. 拉应力   B. 切应力   C. 压应力   D. 扭应力

5-4 圆轴扭转变形时，轴表面处的切应力_____，切应变_____。

A. 最大，最大   B. 最大，最小   C. 最小，最大   D. 最小，最小

5-5 圆轴扭转变形时，横截面上的切应变沿半径为_____。

A. 线性分布   B. 抛物线分布   C. 等值分布   D. 不规则分布

5-6 直径为 d 的圆轴的抗扭截面模量等于_____。

A. $\dfrac{\pi d^4}{64}$ B. $\dfrac{\pi d^4}{32}$ C. $\dfrac{\pi d^3}{32}$ D. $\dfrac{\pi d^3}{16}$

5-7 下列_____为抗扭刚度。

A. GI_z B. GI_p C. EA D. EI_p

5-8 对于扭转变形的圆形截面轴，其他条件不变，若直径由 d 变为 $2d$，则原截面上各点的应力变为原来的 _____ 倍。

     A. 1/2   B. 1/4   C. 1/16   D. 2

5-9 对于扭转变形的圆形截面轴，其他条件不变，若直径由 d 变为 $2d$，则截面上的最大应力变为原来最大应力的 _____ 倍。

     A. 1/2   B. 1/4   C. 1/8   D. 2

5-10 对于变截面轴来说，危险应力产生在 _____ 截面上。

     A. 扭矩为最大的截面上   B. 面积为最小的截面上

     C. 面积为最大的截面上   D. 切应力最大的截面上

5-11 内外径之比为 α 的空心圆轴，两端受扭转力偶矩作用。若下列四种轴的横截面面积相等，则 _____ 轴的承载能力最大。

     A. $\alpha = 0$（实心轴）   B. $\alpha = 0.5$ C. $\alpha = 0.6$ D. $\alpha = 0.8$

5-12 内外径之比为 α 的空心圆轴，两端受扭转力偶矩作用。若下列四种轴的外径相等，则 _____ 轴的承载能力最大。

     A. $\alpha = 0$（实心轴）   B. $\alpha = 0.5$ C. $\alpha = 0.6$ D. $\alpha = 0.8$

5-13 对于扭转变形的圆形截面轴，其他条件不变，若直径由 d 变为 $3d$，则两横截面间的最大扭转角变为原来的最大扭转角的 _____ 倍。

     A. 1/3   B. 1/9   C. 1/81   D. 3

5-14 轴的扭转刚度条件能解决的问题是 _____。

     A. 强度校核   B. 正应力校核   C. 刚度校核   D. 切应力校核

5-15 一圆轴用碳钢材料制作，当校核该轴扭转刚度时，发现单位长度的扭转角超过了许用值，为保证此轴的扭转刚度，以下措施中，采用 _____ 最有效。

     A. 改用合金钢材料   B. 改用铸铁材料

     C. 增加圆轴直径   D. 减小轴的长度

5-16 一实心圆轴，两端受扭转力偶作用，若将轴的截面积增加一倍，则其抗扭刚度变为原来的 _____ 倍。

     A. 16   B. 8   C. 4   D. 2

5-17 对于轴的扭转问题，应该同时用强度条件和刚度条件去进行 _____。

     A. 强度校核   B. 刚度校核   C. 许用载荷的确定   D. 应力校核

二、填空题

5-18 在扭转试验机上试验时，低碳钢试件扭转破坏的现象是_____，破坏的原因是_____；灰口铸铁试件扭转破坏的现象是_____ _____破坏的原因是_____。

5-19 如图所示，若截面 B、A 的相对扭转角 $\varphi_{AB} = 0$，则外力偶 $M_{e1} =$ _____ M_{e2}。

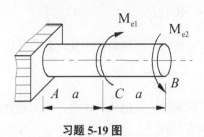

习题 5-19 图

5-20 直径 $D = 20\,\text{cm}$ 的圆轴，所受扭矩为 $1\,\text{kN·m}$ 截面上的最大切应力为_____MPa。

5-21 某传动轴的外径为 $80\,\text{mm}$，内径为 $65\,\text{mm}$，转速为 $50\,\text{r/min}$，材料的许用切应力为 $[\tau] = 45\,\text{MPa}$，则此轴所能传递的最大功率为 _____ kW。

5-22 一直径为 D 的实心轴，另一内外径之比 $\dfrac{d_2}{D_2} = 0.8$ 的空心轴，两轴的长度、材料、扭矩相同。（1）若两轴的最大扭转切应力相等，则空心轴与实心轴的重量之比 $\dfrac{W_2}{W_1}$ =_____；

（2）若两轴的单位长度扭转角相等，则空心轴与实心轴的重量之比 $\dfrac{W_2}{W_1}$ =_____。

三、计算题

5-23 作图示圆轴的扭矩图。

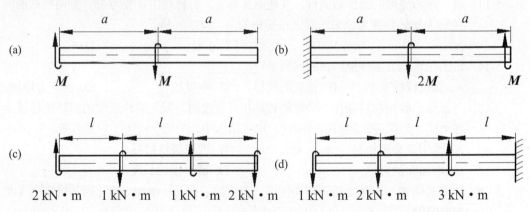

习题 5-23 图

5-24 如图所示圆截面轴，直径 $d = 50\,\text{mm}$，扭矩 $T = 1\,\text{kN·m}$，$\rho_A = 10\,\text{mm}$，试计算 A 点处的扭转切应力 τ_A 以及横截面上的最大扭转切应力 τ_{max}。

5-25 如图所示，空心圆截面轴，外径 $D = 40\,\text{mm}$，内径 $d = 20\,\text{mm}$，扭矩 $T = 1\,\text{kN·m}$，$\rho_A = 15\,\text{mm}$，试计算 A 点处的扭转切应力 τ_A 以及横截面上的最大与最小扭转切应力。

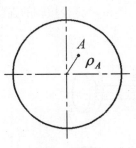

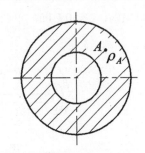

习题 5-24 图　　　　　　　　　　　　　习题 5-25 图

5-26　如图所示，外径 $D = 80\text{ mm}$，内径 $d = 60\text{ mm}$ 的圆轴，轴材料的切变模量 $G = 80\text{ GPa}$，求：（1）该轴的最大切应力；（2）画出 1-1、2-2 截面处的切应力分布图；（3）轴 AC 的扭转角。

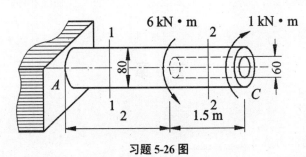

习题 5-26 图

5-27　如图所示，直径 $D = 200\text{ mm}$ 的圆轴，其中 AB 段为实心，BC 段为空心且内径 $d = 80\text{ mm}$，已知材料许用切应力 $[\tau] = 50\text{ MPa}$，求（1）M_e 的许用值；（2）假定轴的转速 $n = 150\text{ r/min}$，则轴所能传递的最大功率是多少？

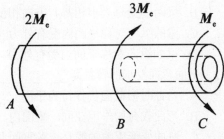

习题 5-27 图

5-28　如图所示，传动轴主动轮 C 输入外力偶矩 $M_C = 955\text{ N·m}$，从动轮 A、B、D 分别输出 $M_A = 159.2\text{ N·m}$，$M_B = 418.3\text{ N·m}$，$M_D = 377.5\text{ N·m}$，已知材料切变模量 $G = 80\text{ GPa}$，许用切应力 $[\tau] = 40\text{ MPa}$，单位长度许可扭转角 $[\theta] = 1°/\text{m}$。试画出轴的扭矩图并设计轴的直径 d。

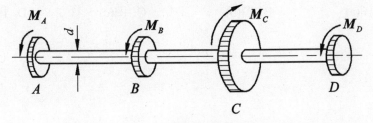

习题 5-28 图

5-29　如图所示，阶梯轴 AB 段为实心，直径 $d_1 = 50\text{ mm}$；BD 段空心，外径 $D = 60\text{ mm}$，内径 $d = 40\text{ mm}$。外力偶矩 $M_A = 1.2\text{ kN·m}$，$M_C = 4.2\text{ kN·m}$，$M_D = 3\text{ kN·m}$，材料的许用切

应力$[\tau]$=90 MPa，G=80 GPa，单位长度许可扭转角$[\theta]$= 1°/m，试校核轴的强度和刚度。

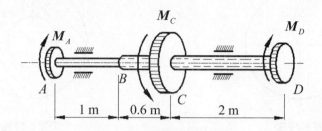

习题 5-29 图

5-30 已知空心圆轴的外径$D = 76$ mm，壁厚$\delta = 2.5$ mm，承受外力偶矩$M_e = 2$ kN·m作用，材料的许用切应力$[\tau] = 100$ MPa，切变模量$G = 80$ GPa，单位长度许可扭转角$[\theta] = 2°$/m。试：（1）校核此轴的强度和刚度；（2）如改为实心圆轴，且强度和刚度保持不变，试设计轴的直径。

第 6 章

一、选择题

6-1 平面弯曲的外力条件是_____。

    A. 梁两端受有大小相等、方向相反、作用线与轴线重合的轴力作用

    B. 梁两端受有大小相等、方向相反、作用面与轴线垂直的力偶

    C. 梁的纵向对称平面内受有外力（包括力偶）的作用

    D. 梁的纵向对称平面内受有外力（包括力偶）的作用，且外力作用线与轴线垂直

6-2 平面弯曲变形的特征是_____。

    A. 弯曲时横截面仍保持为平面

    B. 弯曲载荷均作用在同一平面内

    C. 弯曲变形后的轴线是一条平面曲线

    D. 弯曲变形后的轴线与载荷作用面在同一平面内

6-3 如图所示，四个截面、载荷和材料均相同的梁，比较各梁的最大弯矩值（绝对值），其中值最大的在_____梁上。

    A. 图(a)   B. 图(b)   C. 图(c)   D. 图(d)

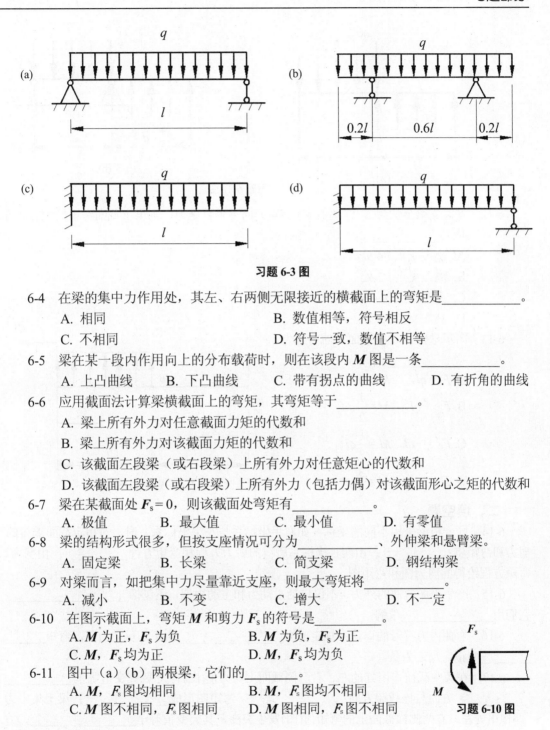

习题 6-3 图

6-4 在梁的集中力作用处，其左、右两侧无限接近的横截面上的弯矩是_____。
　　A. 相同　　　　　　　　　　　　　B. 数值相等，符号相反
　　C. 不相同　　　　　　　　　　　　D. 符号一致，数值不相等

6-5 梁在某一段内作用向上的分布载荷时，则在该段内 M 图是一条_____。
　　A. 上凸曲线　　　B. 下凸曲线　　　C. 带有拐点的曲线　　　D. 有折角的曲线

6-6 应用截面法计算梁横截面上的弯矩，其弯矩等于_____。
　　A. 梁上所有外力对任意截面力矩的代数和
　　B. 梁上所有外力对该截面力矩的代数和
　　C. 该截面左段梁（或右段梁）上所有外力对任意矩心的代数和
　　D. 该截面左段梁（或右段梁）上所有外力（包括力偶）对该截面形心之矩的代数和

6-7 梁在某截面处 $F_s = 0$，则该截面处弯矩有_____。
　　A. 极值　　　B. 最大值　　　C. 最小值　　　D. 有零值

6-8 梁的结构形式很多，但按支座情况可分为_____、外伸梁和悬臂梁。
　　A. 固定梁　　　B. 长梁　　　C. 简支梁　　　D. 钢结构梁

6-9 对梁而言，如把集中力尽量靠近支座，则最大弯矩将_____。
　　A. 减小　　　B. 不变　　　C. 增大　　　D. 不一定

6-10 在图示截面上，弯矩 M 和剪力 F_s 的符号是_____。
　　A. M 为正，F_s 为负　　　B. M 为负，F_s 为正
　　C. M，F_s 均为正　　　D. M，F_s 均为负

6-11 图中（a）（b）两根梁，它们的_____。
　　A. M，F_s 图均相同　　　B. M，F_s 图均不相同
　　C. M 图不相同，F_s 图相同　　　D. M 图相同，F_s 图不相同

F_s

M

习题 6-10 图

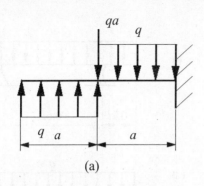 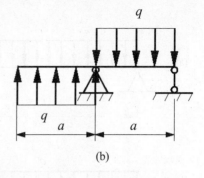

(a)

(b)

习题 6-11 图

6-12 一简支梁全长为 l，在离右支点 $l/4$ 处向下垂直施力，则梁上截面弯矩最大的地方应是_____。

A. 离左支点 $l/4$ 处

B. 离左支点 $l/2$ 处

C. 离左支点 $3l/4$ 处

D. 离左支点 $l/3$ 处

6-13 图示悬臂梁，$A+$ 截面上的内力为_____。

A. $F_s = ql$, $M = 0$

B. $F_s = ql$, $M = \frac{1}{2}ql^2$

C. $F_s = -ql$, $M = \frac{1}{2}ql^2$

D. $F_s = -ql$, $M = \frac{3}{2}ql^2$

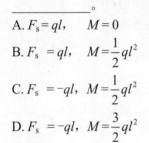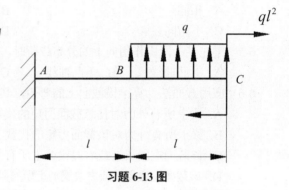

习题 6-13 图

二、填空题

6-14 同一根梁采用不同的坐标（如右手坐标系与左手坐标系）时，对指定截面求得的剪力和弯矩将_____；由两种坐标系所得的剪力方程和弯矩方程_____；由剪力、弯矩方程绘得的剪力图和弯矩图_____。

6-15 产生平面弯曲的外力，不仅包括主动力和主动力偶，还包括_____，它们用_____求解。

6-16 弯曲内力符号的口诀：规定剪力_____为正，反之为负；弯矩_____为正，反之为负。

6-17 在集中载荷作用处的左、右两侧截面上剪力值(图)有突变,突变值等于_____，方向与该载荷方向_____，弯矩图形成_____；梁上集中力偶作用处左、右两侧横截面上的弯矩值(图)发生突变，其突变值等于_____，方向_____，此处剪力图没有变化。

6-18 梁上无载荷区段，即 $q(x)=0$，剪力图为_____，弯矩图为_____。

6-19 梁上有向下的均布荷载，即 $q(x)<0$，$F_s(x)$ 图为_____，弯矩图为_____。

三、计算题

6-20 图示各梁中，F、q、a 均为已知，截面 1-1、2-2、3-3 无限接近于截面 C 或 D。试求各指定截面 1-1、2-2、3-3 上的剪力和弯矩。

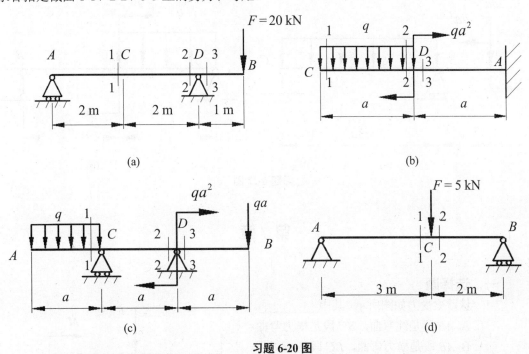

习题 6-20 图

6-21 已知图示各梁的载荷 F、q 及尺寸 a，试列出各梁的剪力方程和弯矩方程，并作出剪力图和弯矩图。

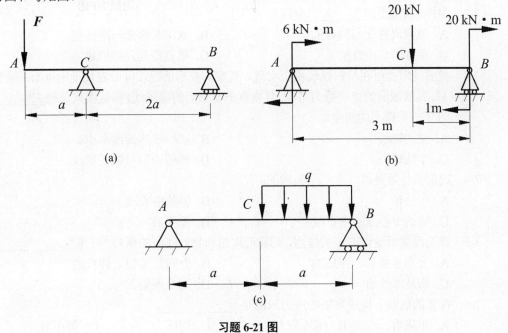

习题 6-21 图

6-22 已知图示各梁的 q、a，试利用载荷集度、剪力和弯矩之间的微分关系作出梁的剪力图和弯矩图，并求出剪力和弯矩的绝对值的最大值。

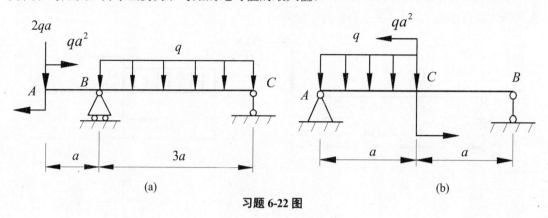

习题 6-22 图

第 7 章

一、选择题

7-1 悬臂梁受力如图所示，其中_____。

    A. AB 段是纯弯曲，BC 段是横力弯曲

    B. AB 段是横力弯曲，BC 段是纯弯曲

    C. 全梁均是纯弯曲

    D. 全梁均是横力弯曲

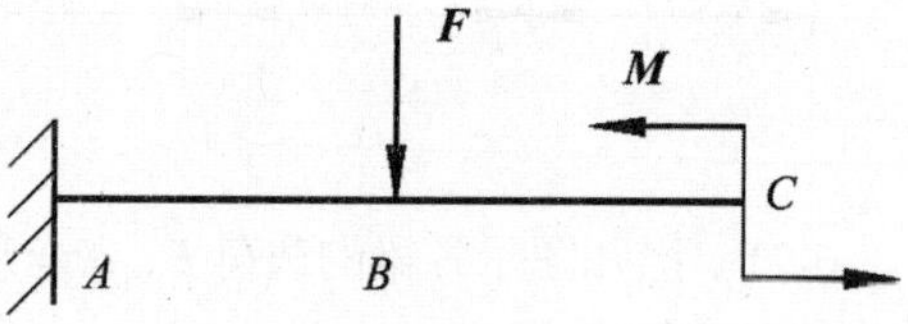

习题 7-1 图

7-2 中性轴是梁的_____交线。

    A. 纵向对称面与横截面   B. 纵向对称面与中性层

    C. 横截面与中性层   D. 横截面与顶面或底面

7-3 梁的纯弯曲可在材料试验机上实现，观察其变形情况，可由表及里地推断：梁变形后，其横截面始终保持为平面，且垂直于变形后的梁轴线，横截面只是绕_____转过了一个微小的角度。

    A. 梁的轴线   B. 梁轴线的曲线率中心

    C. 中性轴   D. 横截面自身的轮廓线

7-4 梁的惯性矩是以_____为轴的。

    A. 中性轴   B. 轴的中心线

    C. 轴的中心线的垂直线   D. 都不对

7-5 设某段梁承受正弯矩的作用，则靠近顶面和靠近底面的纵向"纤维"_____。

    A. 分别是伸长、缩短的   B. 分别是缩短、伸长的

    C. 均是伸长的   D. 均是缩短的

7-6 在梁的截面上构成弯矩的应力只能是_____。

    A. 正应力   B. 扭转应力   C. 切应力   D. 都不对

7-7 梁弯曲正应力公式的应用条件是_____。

A. 所有弯曲问题   B. 矩形截面梁

C. 平面弯曲，弹性范围   D. 纯弯曲，弹性范围

7-8 梁在弯曲变形时，横截面上的正应力沿高度方向为_____。

  A. 线形（非等值）分布   B. 抛物线分布

  C. 等值分布   D. 不规则分布

7-9 梁弯曲时，横截面上离中性轴距离相同的各点处正应力是_____的。

  A. 相同   B. 随截面形状的不同而不同

  C. 不相同   D. 有的地方相同，而有的地方不相同

7-10 梁在纯弯曲时，各截面上的应力为_____。

  A. 正应力   B. 切应力   C. 扭应力   D. 弯应力

7-11 图中上部受压、下部受拉的铸铁梁，选择_____截面形状的梁合理。

  A. 图(a)   B. 图(b)   C. 图(c)   D. 图(d)

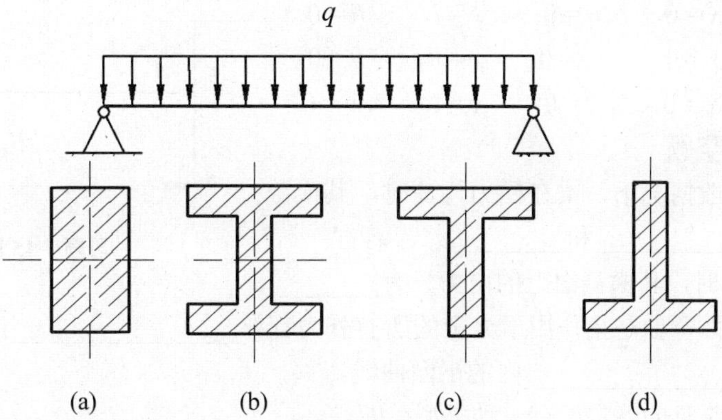

习题 7-11 图

7-12 提高梁的弯曲强度的措施有_____。

  A. 采用合理截面   B. 合理安排梁的受力情况

  C. 采用变截面梁或等强度梁   D. 都对

7-13 为了合理的利用钢材，在梁的弯曲问题中，在同样面积情况下，以下四种截面形状钢梁，使用哪种较为合理_____。

  A. 图(a)   B. 图(b)

  C. 图(c)   D. 图(d)

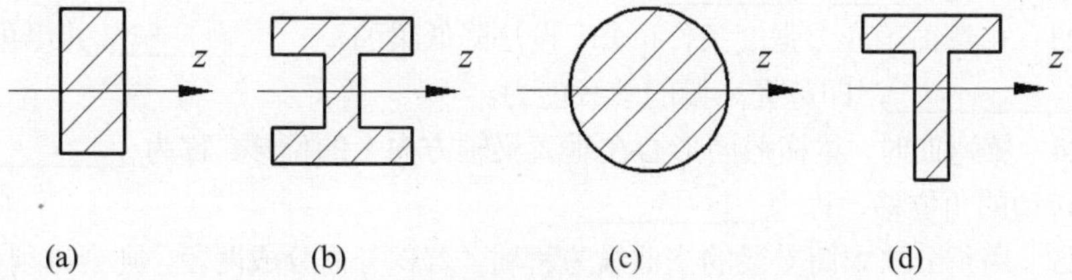

习题 7-13 图

7-14 如图所示，用积分法求图示梁的挠曲线方程时，确定积分常数的四个条件，除

$w_A = 0$ ，$\theta_A = 0$ 外，另外两个条件是_____。

A. $w_{C左} = w_{C右}$ ，$\theta_{C左} = \theta_{C右}$　　　B. $\theta_{C左} = \theta_{C右}$ ，$w_C = 0$

C. $w_B = 0$ ，$w_C = 0$　　　D. $w_B = 0$ ，$\theta_C = 0$

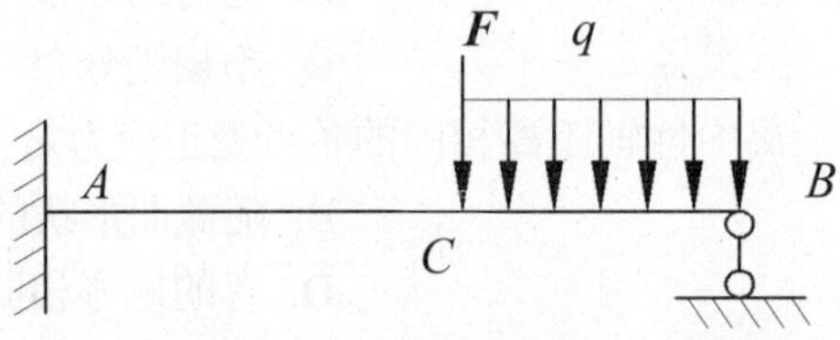

习题 7-14 图

7-15 如图所示，用积分法求下面的悬臂梁变形时，确定积分常数所用到的边界条件是_____。

A. $x = 0$ ，　$w = 0$ ；　$x = l$ ，　　$w = 0$

B. $x = 0$ ，　$\theta = 0$ ；　$x = l$ ，　　$\theta = 0$

C. $x = 0$ ，　$w = 0$ ；　$x = 0$ ，　　$\theta = 0$

D. $x = 0$ ，　$\theta = 0$ ；　$x = l$ ，　　$w = 0$

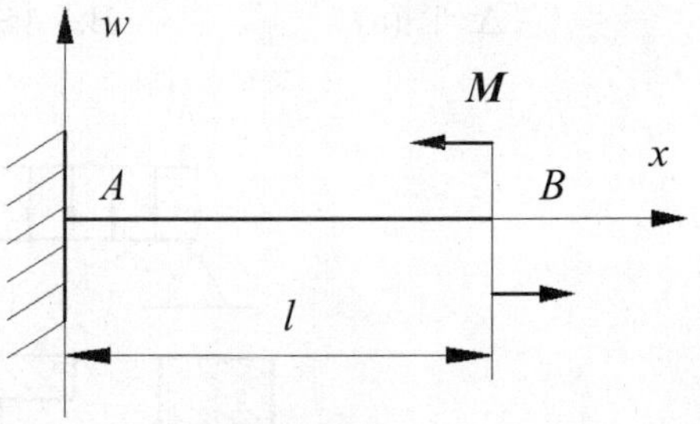

习题 7-15 图

二、填空题

7-16 一般情况下，梁在横力弯曲时，其横截面上的内力有_____和_____。若梁的弯曲是纯弯曲时，其横截面上的内力只有_____。

7-17 平面弯曲是指作用于梁上的所有外力都在_____内，弯曲变形后的轴线是一条在_____内的平面曲线。

7-18 最常见的静定梁有三种类型。即：_____、_____、_____。

7-19 梁弯曲时，其横截面上的正应力按_____规律变化，中性轴上各点的正应力等于_____，距离中性轴越远正应力越_____。

7-20 矩形截面梁在横力弯曲下，横截面上最大的正应力发生在截面的_____处，最大的切应力发生在截面的_____处。

7-21 直径为 d 的圆形截面，其惯性矩为_____，抗弯截面系数为_____；外径为 D ，内、外径比值为 α 的空心圆形截面，其惯性矩为_____，抗弯截面系数为_____。

7-22 面积相等的圆形、矩形和工字形截面的抗弯截面系数分别为 $W_圆$ 、$W_工$ 和 $W_矩$ ，三者的大小关系是_____。

7-23 由弯曲正应力强度条件可知，设法降低梁的_____，并尽可能提高梁截面的_____，即可提高梁的承载能力。

7-24 梁弯曲时，梁横截面形心在垂直梁轴方向上的位移，称为_____；横截面绕中性轴转动的角位移，称为_____。

7-25 用积分法求简支梁的挠曲线方程时，若积分需分成两段，则会出现_____个积分常数，这些积分常数需根据梁的_____条件和_____条件来确定。

三、计算题

7-26 悬臂梁尺寸和所受载荷如图(a)所示，若梁截面分别为(b)矩形、(c)圆环，试求梁

1-1 截面上 A、B、C 三点的弯曲正应力。

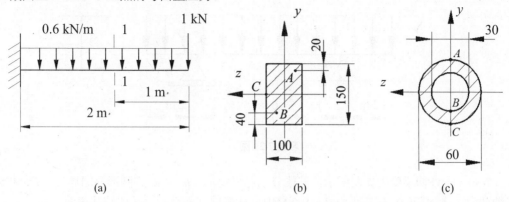

(a)　　　　　　　　(b)　　　　　　　　(c)

习题 7-26 图

7-27 外伸梁其受力如图所示,求(1)截面 B 上最大拉应力和最大压应力;(2)整个梁上的最大拉应力和最大压应力。已知 $I_z = 4 \times 10^6 \, \text{mm}^4$。

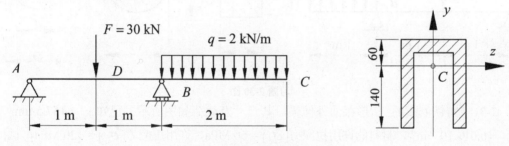

习题 7-27 图

7-28 图示简支梁承受均布载荷,若梁分别采用截面面积相等的实心圆和空心圆截面,且实心圆直径 $D_1 = 50 \, \text{mm}$,空心圆内外直径比值 $d_2 / D_2 = 0.4$,试计算它们的最大正应力,且空心圆截面的最大正应力是实心圆截面的最大正应力的百分之几?

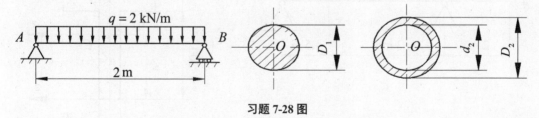

习题 7-28 图

7-29 一外伸梁用工字钢制成,其受力如图所示,已知载荷集度 $q = 10 \, \text{kN/m}, [\sigma] = 120 \, \text{MPa}$,试选择梁用工字钢的型号。

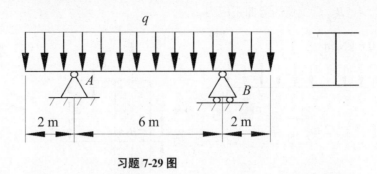

习题 7-29 图

7-30 一外伸梁受力如图所示，若梁分别选择矩形（$h/b = 2$）、圆形和圆环形($d/D = 0.5$) 三种截面，已知梁的许用应力$[\sigma] = 160$ MPa，试确定截面尺寸，并比较其截面面积。

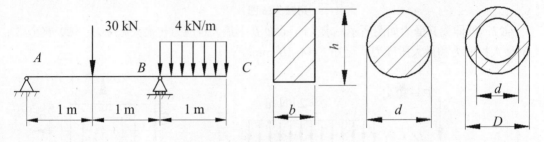

习题 7-30 图

7-31 铸铁制成的 T 形截面外伸梁，其尺寸及载荷如图所示。已知 $y_C = 157.5$ mm， $I_{ZC} = 6.01 \times 10^{-5}$ m^4，材料的许用拉应力$[\sigma_t] = 50$ MPa，许用压应力$[\sigma_c] = 120$ MPa，试校核梁的强度。若梁上的载荷不变，将 T 形截面倒置成⊥形，会发生什么变化？

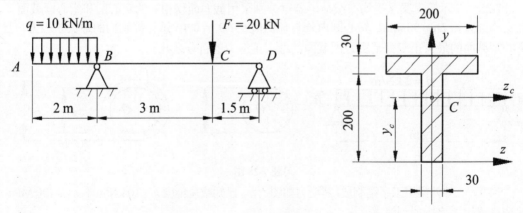

习题 7-31 图

7-32 梁截面如图所示，剪力$F_s = 200$ kN，求（1）图(a)截面上最大弯曲切应力及 A 与 B 点处的弯曲切应力；（2）图(b)截面腹板上的最大和最小切应力，其全截面对 z 轴的惯性矩 $I_z = 6.79 \times 10^{-4}$ m^4。

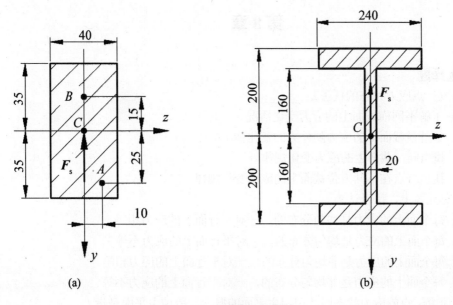

习题 7-32 图

7-33 由四块尺寸相同的木板胶合在一起的简支梁，其受力如图所示，已知 $F = 5$ kN，$l = 600$ mm，截面高 $h = 100$ mm，宽 $b = 60$ mm，木板的许用应力$[\sigma] = 8$ MPa，胶缝许用切应力 $[\tau] = 3$ MPa，试校核梁的强度。

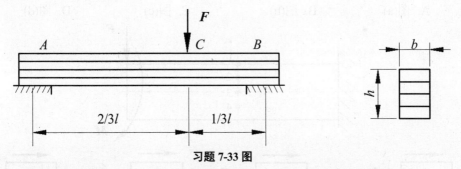

习题 7-33 图

7-34 梁的抗弯刚度为 EI_z，用积分法求图示梁 A、B 截面的转角和挠度。

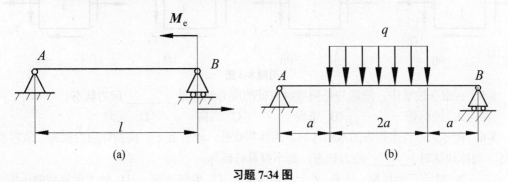

习题 7-34 图

第8章

一、选择题

8-1 研究一点应力状态的任务是_____。

    A. 了解不同横截面上的应力变化情况

    B. 了解横截面上的应力随外力的变化情况

    C. 找出同一截面上的应力变化规律

    D. 找出一点在不同方位截面上的应力变化规律

8-2 在单元体上，可以认为_____。

    A. 每个面上的应力是均匀分布的，一对平行面上的应力相等

    B. 每个面上的应力是均匀分布的，一对平行面上的应力不等

    C. 每个面上的应力是非均匀分布的，一对平行面上的应力相等

    D. 每个面上的应力是非均匀分布的，一对平行面上的应力不等

8-3 在研究一点的应力状态时，引用主平面的概念，所谓主平面是指_____。

    A. 正应力为零的平面   B. 切应力最大的平面

    C. 切应力为零的平面   D. 正应力最大的平面

8-4 图示圆截面形状的悬臂梁，给出了1、2、3、4点的应力状态。其中_____所示的应力状态是错误的。

    A. 图(a)   B. 图(b)   C. 图(c)   D. 图(d)

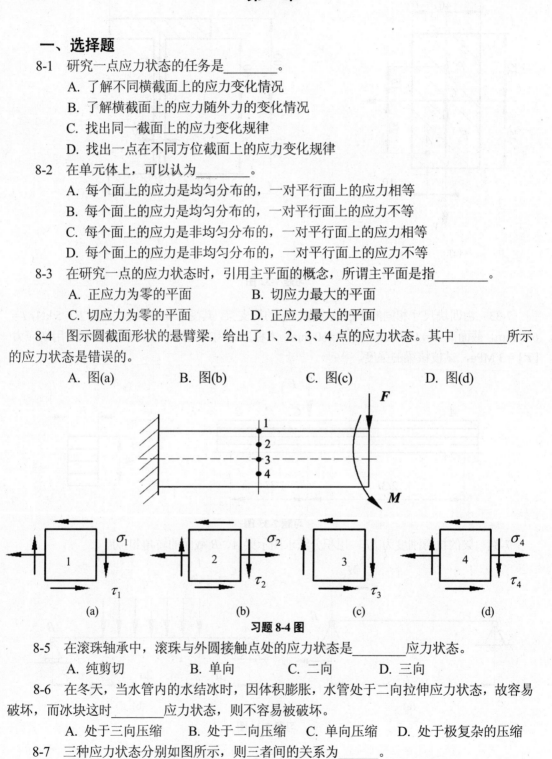

习题8-4 图

8-5 在滚珠轴承中，滚珠与外圆接触点处的应力状态是_____应力状态。

    A. 纯剪切   B. 单向   C. 二向   D. 三向

8-6 在冬天，当水管内的水结冰时，因体积膨胀，水管处于二向拉伸应力状态，故容易破坏，而冰块这时_____应力状态，则不容易被破坏。

    A. 处于三向压缩   B. 处于二向压缩   C. 单向压缩   D. 处于极复杂的压缩

8-7 三种应力状态分别如图所示，则三者间的关系为_____。

    A. 完全等价   B. 完全不等价   C.(b)和(c)等价   D.(a)和(c)等价

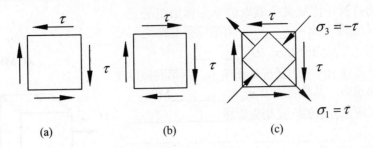

习题 8-7 图

8-8 在图示四个单元体的应力状态中，_____是正确的纯剪切状态。

A. 图(a)　　　　B. 图(b)　　　　C. 图(c)　　　　　　D. 图(d)

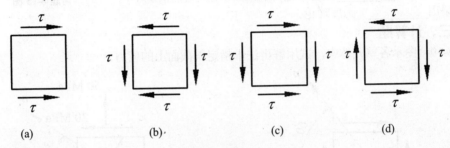

习题 8-8 图

8-9 图示单元体（$\sigma > 0$）按第三强度理论计算的相当应力 σ_{r3} 为_____。

A. σ

B. 2σ

C. $\sqrt{2}\sigma$

D. $\dfrac{1}{2}\sigma$

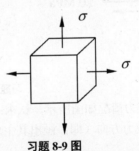

习题 8-9 图

8-10 在纯剪切应力状态下，用第四强度理论可证明：塑性材料的许用切应力和许用正应力的关系为_____。

A. $[\tau] = [\sigma]$　　B. $[\tau] = \dfrac{1}{2}[\sigma]$　　C. $[\tau] = \dfrac{1}{\sqrt{3}}[\sigma]$　　D. $[\tau] = \dfrac{1}{3}[\sigma]$

二、填空题

8-11 空间应力状态下，一点的主应力按代数值大小排序是_____。

8-12 若已知三个主应力分别为 0，-100 MPa，-20 MPa，则 $\sigma_1 =$_____，$\sigma_2 =$_____，$\sigma_3 =$_____。

8-13 当单元体上只有一个主应力不为零时，称为_____状态，当单元体上只有一个主应力为零时，称为_____状态。

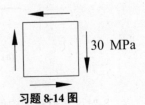

习题 8-14 图

8-14 受力杆件中围绕某点截取的单元体如图所示，该点的最大主应力 $\sigma_1 =$ _____。用第三强度理论校核该点强度时，其相当应力 σ_{r3} 为 _____。

8-15 某单元体上的应力情况如图所示，用第四强度理论校核该点的强度时，其相当应力 $\sigma_{r4} =$ _____ MPa。

8-16 用主应力表示的广义胡克定律 _____

_____；_____；_____。

8-17 拉伸（压缩）与弯曲组合变形杆内各点处于 _____ 应力状态。

8-18 无论是塑性材料或脆性材料，在三向拉应力的状态下，都应采用 _____ 强度理论，而在三向压应力的情况下，都应采用 _____ 强度理论。

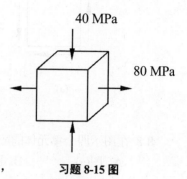

习题 8-15 图

三、计算题

8-19 图示各单元体中，试用解析法求指定斜截面上的应力。

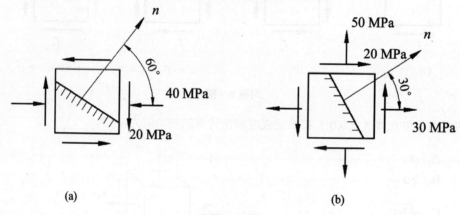

(a)　　　　　　　　　　　　(b)

习题 8-19 图

8-20 单元体应力情况如图所示，试求：（1）主应力大小及方向；（2）在单元体上画出主平面的位置和主应力方向（即：画出其主单元体）。

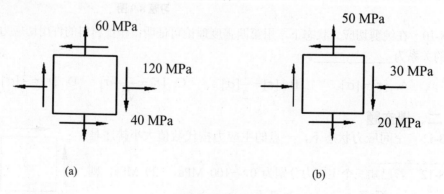

(a)　　　　　　　　　　　　(b)

习题 8-20 图

8-21 某材料的构件内，存在三点均处于平面应力状态，其单元体分别如图所示（$\sigma > 0$）（1）试分别求其主应力，并说明属于何种简单的平面应力状态；（2）若按照最大剪应力强度理论，则哪一点最容易屈服？

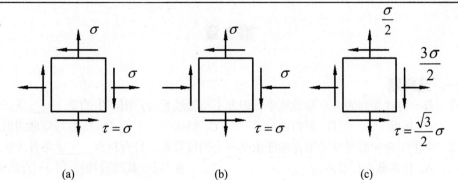

(a)　　　　　　　　(b)　　　　　　　　(c)

习题 8-21 图

8-22　一处于水平位置的直角钢折杆 *ABC* 受力如图所示，P_1 垂直于钢杆所在平面，钢杆直径 d=10 cm，$P_1 = 5$ kN，$P_2 = 10$ kN，$l_1 = 1.2$ m，$l_2 = 1$ m。求：（1）指出危险截面位置，并在图上标出危险点的位置，画出危险点的应力状态；（2）用第三强度理论表示危险点的相当应力。

8-23　一矩形截面梁，梁中点受到集中载荷 *F* 作用，如图所示。求：（1）画出梁上各指定点的单元体及其面上的应力；（2）确定主应力和主平面的位置以及最大切应力的值。

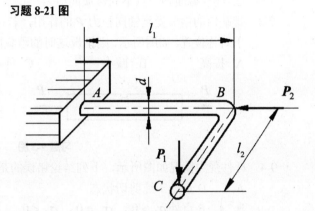

习题 8-22 图

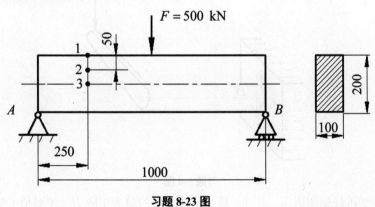

习题 8-23 图

第 9 章

一、选择题

9-1 若一短柱受到的压力与轴线平行但并不与轴线重合，则产生的是_____变形。

    A. 压缩   B. 斜弯曲   C. 挤压   D. 压缩与弯曲的组合

9-2 对于组合变形可以采用叠加法求其应力的代数和，只有符合_____条件才能进行。

    A. 任意截面任意应力   B. 同一截面同种性质同一点的应力

    C. 同一截面同一点不同性质的应力   D. 同一性质不同截面不同点的应力

9-3 带缺口的钢板受到轴向拉力 P 的作用，若在其上再切一缺口，并使上下两缺口处于对称位置，如图所示，则钢板这时的承载能力_____。（不考虑应力集中的影响）

    A. 提高   B. 减小   C. 不变   D. 不确定

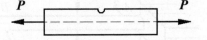 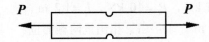

习题 9-3 图

9-4 杆件受力情况如图所示，下列结论错误的是_____。

    A. C、D 点处于纯剪切状态

    B. A、B 点处 $\sigma_1 > 0$，$\sigma_2 = 0$，$\sigma_3 < 0$

    C. 按第三强度理论进行计算，A、B 点比 C、D 点危险

    D. A、B 点的最大主应力 σ_1 数值相等

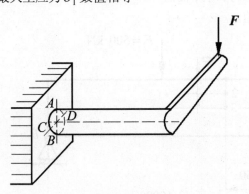

习题 9-4 图

9-5 三种受压杆如图所示，杆 1、杆 2 与杆 3 中的最大压应力（绝对值）分别为 σ_{1max}、σ_{2max} 和 σ_{3max}，则有_____。

    A. $\sigma_{1max} < \sigma_{2max} < \sigma_{3max}$ B. $\sigma_{1max} < \sigma_{2max} = \sigma_{3max}$

    C. $\sigma_{1max} < \sigma_{3max} < \sigma_{2max}$ D. $\sigma_{1max} = \sigma_{3max} < \sigma_{2max}$

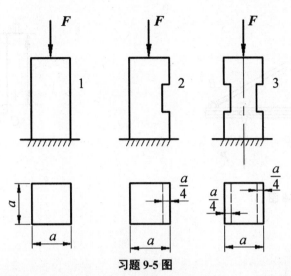

习题 9-5 图

9-6 如图所示的圆轴同时受到扭矩，弯矩和轴力的作用，下列强度条件中，正确的是_____。（W 为圆轴对于中性轴的惯性矩）

A. $\dfrac{F_N}{A} + \dfrac{\sqrt{M^2 + T^2}}{W} \leqslant [\sigma]$

B. $\sqrt{\left(\dfrac{F_N}{A}\right)^2 + \left(\dfrac{M}{W}\right)^2 + \left(\dfrac{T}{2W}\right)^2} \leqslant [\sigma]$

C. $\sqrt{\left(\dfrac{F_N}{A} + \dfrac{M}{W}\right)^2 + \left(\dfrac{T}{W}\right)^2} \leqslant [\sigma]$

D. $\sqrt{\left(\dfrac{F_N}{A} + \dfrac{M}{W}\right)^2 + 4\left(\dfrac{T}{W}\right)^2} \leqslant [\sigma]$

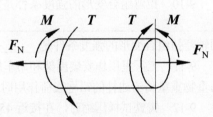

习题 9-6 图

二、填空题

9-7 拉(压)弯组合变形是指构件在产生_____变形的同时,还发生_____变形;弯扭组合变形是指构件在产生_____变形的同时,还发生_____变形。

9-8 如图所示,杆 BC 承受_____变形,梁 AB 承受_____变形。

9-9 如图所示,试分析构件（AB、BC 和 CD）各段发生变形,其中 AB 段发生_____变形,BC 段发生_____变形,CD 段发生_____变形。

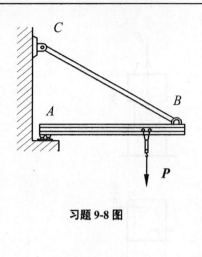

习题 9-8 图

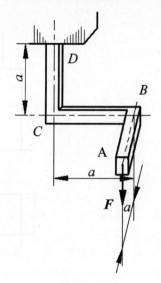

习题 9-9 图

9-10　拉弯组合变形的强度条件是_____
_____，
圆轴弯扭组合变形的强度条件是_____。

9-11　工厂里用作安装屋架和吊车的厂房边柱，其高度符合设计要求，在受到屋架和起吊重物重量传给边柱的铅垂载荷作用时，它将会产生_____和_____变形。

9-12　铸铁试样压缩时，在接近 45° 的斜截面上发生破坏，这是由于此斜截面上_____应力达到了某一极限值的缘故。

9-13　手摇绞车的圆轴在工作时，其危险截面上有_____个危险应力点，同时处于_____向应力状态。

三、计算题

9-14　如图所示的简支梁由型号为 22a 的工字钢制成，已知载荷 $F_1 = 80$ kN，$F_2 = 160$ kN，$l = 1.5$ m，材料的许用应力 $[\sigma] = 160$ MPa。试校核梁的强度。

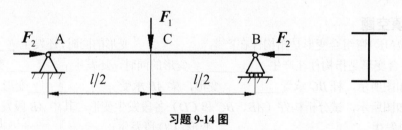

习题 9-14 图

9-15　如图所示的夹具，其最大夹紧力 $F = 8$ kN，偏心矩 $e = 100$ mm。夹具立柱的截面为矩形，其宽度尺寸 $b = 10$ mm，材料的许用应力 $[\sigma] = 80$ MPa，试求夹具的长度尺寸 h。

9-16　如图所示开口圆环，由内径 $d = 50$ mm，外径 $D = 60$ mm 的钢管制成。$a = 50$ mm，材料的许用应力 $[\sigma] = 120$ MPa，求最大的许可拉力 F。

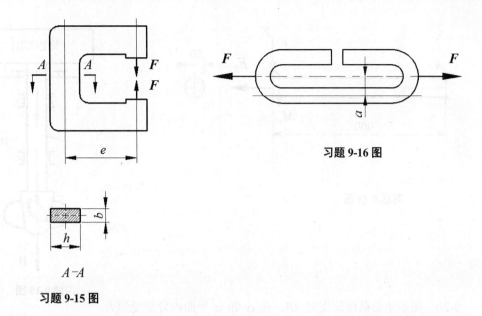

习题 9-16 图

A–*A*

习题 9-15 图

9-17　图示传动轴上装有两个轮子，*C* 轮和 *D* 轮上分别作用力 W 和 F_1，轴处于平衡。已知 *C* 轮直径 $D_1 = 0.5$ m，*D* 轮直径 $D_2 = 1$ m，$F_1 = 2$ kN，轴材料的许用应力 $[\sigma] = 80$ MPa。不计所有自重，试按第四强度理论确定轴的直径 *d*。

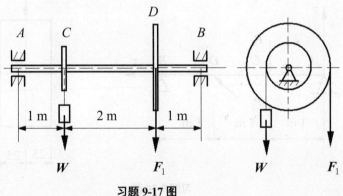

习题 9-17 图

9-18　图示圆截面钢杆，承受横向载荷 F_1、轴向载荷 F_2 与外力偶矩 M_e 作用，试按第三强度理论校核杆的强度。已知 $F_1 = 500$ N，$F_2 = 15$ kN，$M_e = 1.2$ kN·m，许用应力 $[\sigma] = 160$ MPa。

9-19　如图所示的水轮机主轴，水轮机组的输出功率为 $P = 37500$ kW，转速 $n = 150$ r/min。已知轴向推力 $F_x = 4800$ kN，转轮重 $W_1 = 390$ kN，主轴内径 $d = 340$ mm，外径 $D = 750$ mm，自重 $W = 285$ kN。主轴材料为 45 钢，许用应力 $[\sigma] = 120$ MPa。试用第四强度理论校核主轴的强度。

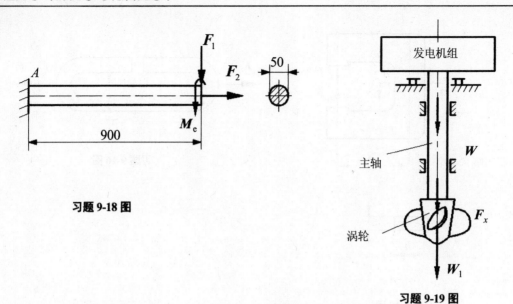

习题 9-18 图

习题 9-19 图

9-20　图示矩形截面简支梁 AB，在 xy 和 xz 平面内分别受到力 P_1，P_2 作用，已知 $P_1 = P_2 = 3\ \text{kN}$，梁的尺寸如图所示，试计算梁中的最大正应力。

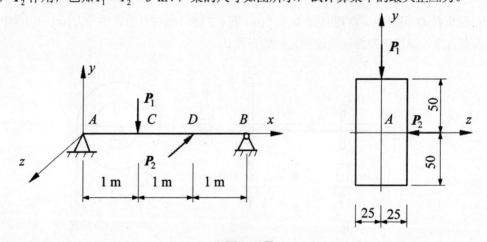

习题 9-20 图

9-21　截面为矩形的低碳钢试件受力如图所示。材料的弹性模量 $E = 200\ \text{GPa}$，试件尺寸为 $a = 30\ \text{mm}$，$b = 60\ \text{mm}$。现已知 k 点处的纵向线应变 $\varepsilon = 550 \times 10^{-6}$，试求外力 P 的值。

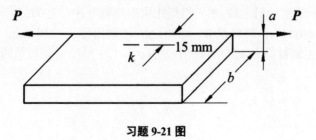

习题 9-21 图

第 10 章

一、选择题

10-1 中心受压细长直杆丧失承载能力的原因为（　　）。

A. 横截面上的应力达到材料的比例极限

B. 横截面上的应力达到材料的屈服极限

C. 横截面上的应力达到材料的强度极限

D. 压杆丧失直线平衡状态的稳定性

10-2 一用低碳钢制成的细长压杆，当轴向压力 $P = P_{cr}$ 时发生失稳而处于微弯平衡状态。此时若解除压力 P，则压杆的微弯变形（　　）。

A. 完全消失　　　B. 有所缓和　　　C. 保持不变　　　D. 继续增大

10-3 压杆失稳将在（　　）的纵向平面内发生。

A. 长度系数 μ 最大　　　　　　B. 截面惯性半径 i 最小

C. 柔度 λ 最大　　　　　　　D. 柔度 λ 最小

10-4 细长压杆，若其长度系数增加一倍，则_____。

A. P_{cr} 增加一倍　　　　　　　B. P_{cr} 增加到原来的四倍

C. P_{cr} 为原来的二分之一倍　　　D. P_{cr} 变为原来的四分之一倍

10-5 下列结论中_____是错误的。

A. 若压杆中的实际应力不大于该压杆的临界应力，则杆件不会失稳

B. 受压杆件的破坏均由失稳引起

C. 压杆临界应力的大小可以反映压杆稳定性的好坏

D. 随着压杆柔度的减小，它的临界载荷会越来越高

二、填空题

10-6 压杆的临界载荷即压杆保持直线形式平衡状态所能承受的_____载荷，或使压杆丧失直线形式（变成曲线）平衡状态所需的_____载荷。

10-7 若两根细长压杆的惯性半径 $i = \sqrt{\dfrac{I}{A}}$ 相等，当_____相同时，它们的柔度相等。

10-8 若两根细长压杆的柔度相等，当_____相同时，它们的临界应力相等。

10-9 大柔度压杆和中柔度压杆一般是因_____而失效，小柔度压杆是因_____而失效。

10-10 提高压杆的稳定性（或提高临界应力）应考虑降低该杆的_____。

10-11 图(a)、(b)中两细长压杆的材料和横截面均相同，其中_____杆的临界压力较大。

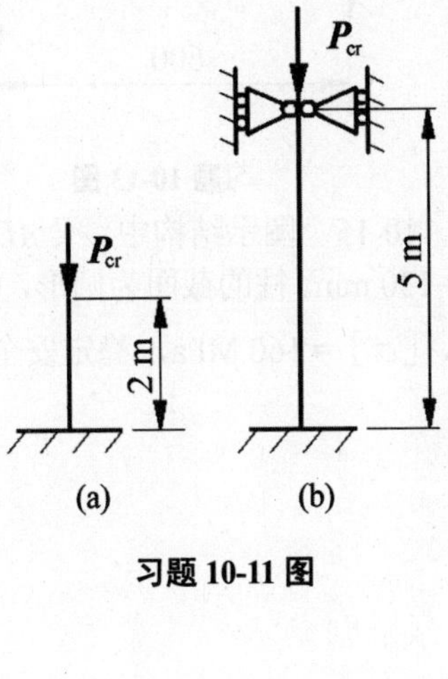

10-12 图(a)、(b)中的两根杆都是大柔度杆，材料、杆长和横截面形状大小都相同，杆端约束不同。其中图(a)

习题 10-11 图

为两端铰支，图(b)为一端固定，一端自由。那么两杆临界应力 $\sigma_{cra} : \sigma_{crb}$ 之比为_____。

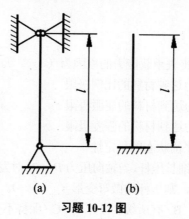

(a)　　　　(b)

习题 10-12 图

三、计算题

10-13　图示结构，杆 1 和杆 2 的横截面均为圆形，$d_1 = 30$ mm，两杆材料的弹性模量 $E = 200$ GPa，$a = 304$ MPa，$b = 1.12$ MPa，$\lambda_p = 100$，$\lambda_s = 60$，稳定安全因数取 $n_{st} = 3$，求：压杆 AB 的许可载荷[P]。

10-14　图示结构中，杆 AB、AC 均为圆截面钢杆，直径 $d = 80$ mm，两杆材料的弹性模量 $E = 200$ GPa，$\lambda_p = 100$，$\lambda_s = 60$，求：（1）此结构的极限载荷 P_{max}；（2）若设计要求稳定安全因数 $n_{st} = 2$，试求许可载荷[P]。

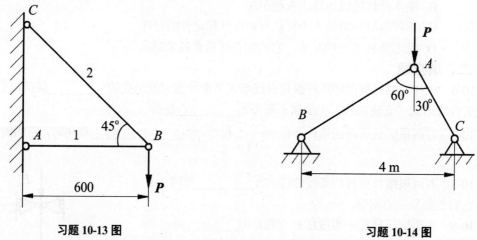

习题 10-13 图　　　　　　　　　　　　习题 10-14 图

10-15　图示结构中，梁 AD 受分布载荷 $q = 20$ kN/m 作用。梁的截面为矩形，$b = 90$ mm，$h = 130$ mm。柱的截面为圆形，直径 $d = 80$ mm。梁和柱均为碳钢，$E = 200$ GPa，$\lambda_p = 100$，$\lambda_s = 60$，$[\sigma] = 160$ MPa，稳定安全因数 $n_{st} = 3$。试校核该结构的安全。

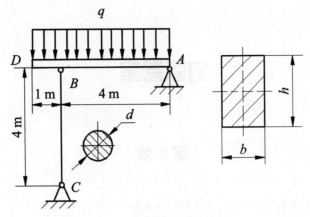

习题 10-15 图

习题答案

第 1 章

一、选择题

1-1 B；1-2 D；1-3 B；1-4 A；1-5 B；1-6 A；1-7 D；1-8 A；

1-9 B；1-10 A；1-11 D；1-12 B；1-13 B；1-14 B；1-15 C

二、填空题

1-16 汇交力系；平行力系；任意力系

1-17 只能受拉不能受压；绳子、链条、皮带、钢丝绳；沿柔索拉物体

1-18 法线方向；切线方向；沿公法线方向指向物体

1-19 固定铰链支座、中间铰链、活动铰链支座；限制；允许

1-20 固定铰链支座；正交分解

1-21 活动铰链支座；支承面法线方向

1-22 中间铰链；正交分解

三、画受力图（略）

第 2 章

一、选择题

2-1 C； 2-2 C； 2-3 D； 2-4 A； 2-5 D； 2-6 C； 2-7 D；

2-8 C； 2-9 D； 2-10 B； 2-11 B； 2-12 C

二、填空题

2-13 代数量

2-14 代数和

2-15 形状；合力

2-16 逆时针；顺时针

2-17 合力对某一点的矩等于该合力中各分力对同一点的矩的代数和

2-18 力偶

2-19 矢量；汇交点

2-20 力多边形自行封闭

2-21 合力偶矩为零

2-22 合力偶；平衡

2-23 3；3

三、计算题

2-24　（a）$F_A = 15.8$ kN，$F_B = 7.1$ kN；（b）$F_A = 22.4$ kN，$F_B = 10$ kN

2-25　$F_A = 1.12F$，$F_D = 0.5F$

2-26　$\dfrac{F_1}{F_2} = 0.61$

2-27　$F_{NC} = F_{NB} = F_{NA} = \dfrac{\sqrt{2}}{4}M$

2-28　$F_{EC} = 14.1$ kN，$F_{NA} = F_{NB} = 11.5$ kN

2-29　$F_y = 0$，$F_2 = F_x = 220$ N，$y = -15$ mm，F_2 作用线位置为方程 $y = -15$ mm 所在位置

2-30　$400\,\text{kW} \leqslant W \leqslant 1400\,\text{kN}$

2-31　$x = 9.17$ m

2-32　$F_x = 4$ kN，$F_{y1} = 28.7$ kN，$F_{y2} = 1.27$ kN

2-33　$F_{RA} = -15$ kN，$F_{RB} = 40$ kN，$F_{RC} = 5$ kN，$F_{RD} = 15$ kN

2-34　$F_{CD} = -80$ kN，$F_{BE} = 226.3$ kN，$F_{Ax} = -120$ kN，$F_{Ay} = -160$ kN

2-35　$F_{Ax} = 0$，$F_{Ay} = -\dfrac{M}{2a}$，$F_{Bx} = 0$，$F_{By} = -\dfrac{M}{2a}$，$F_{Dx} = 0$，$F_{Dy} = -\dfrac{M}{a}$

2-36　$F_{Ax} = 0$，$F_{Ay} = 1000$N，$M_A = 6000$N·m，$F_{BD} = 2500$N，$F_{Cx} = 2000$N

　　　$F_{Cy} = 500$N

第 3 章

一、选择题

3-1 D；　3-2 C；　3-3 B；　3-4 C；　3-5 C；　3-6 D；　3-7 B

二、填空题

3-8　代数和

3-9　代数和

3-10　40 kN；$80\sqrt{2}$ kN·m；$-60\sqrt{2}$ kN·m；-20kN·m

3-11　-6kN；0；8 kN；32 N·m；-24 N·m；24 N·m

3-12　汇交点；矢量和；无；矢量和

3-13　物体为均质物体

三、计算题

3-14　$F_{AD} = F_{BD} = 26.4$ kN（压），$F_{CD} = 33.5$ kN（拉）

3-15　$F_1 = 500$ N，$F_2 = 100$ N，$F_3 = 600$ N

3-16　$F_{Ay} = 175$ N，$F_{Az} = -262.5$ N，$F_{Bx} = 210$ N，$F_{Bz} = 262.5$ N，$F_{Dx} = -210$ N，

　　　$F_{Dy} = 175$ N

3-17　$T_2 = 2$ kN，$F_{Cx} = 0.625$ kN，$F_{Cz} = 2$ kN，$F_{Dx} = -3.625$ kN，$F_{Dz} = 1$ kN

3-18　$x_C = 46.8$ mm，$y_C = 98.2$ mm

3-19　(a) $x_C = 0$，$y_C = 153.6$ mm；(b) $x_C = 19.7$ mm，$y_C = 39.7$ mm；

　　　(c) $x_C = 0$，$y_C = 64.5$ mm；(d) $x_C = 110$ mm，$y_C = 0$

第 4 章

一、选择题

4-1 D；　4-2 C；　4-3 C；　4-4 D；　4-5 A；　4-6 D；　4-7 C；　4-8 C；　4-9 C；　4-10 B；

4-11 B；　4-12 D；　4-13 C；　4-14 A；　4-15 B；　4-16 D；　4-17 B；　4-18 A；　4-19 A；　4-20 C

二、填空题

4-21　轴向拉压；　剪切与挤压；　扭转；　弯曲

4-22　B；　A；　C；

4-23　$-\dfrac{4Fl}{EA}$

4-24　形状和尺寸突然改变

4-25　$45°$ 斜截面；斜截面上的切应力达到极值

4-26　比例

4-27　挤压

4-28　$\pi d t$

4-29　剪断和挤压；拉断

4-30　接触面面积；接触面面积的正投影面积

三、计算题

4-31　(a) $F_{N1} = 0$，$F_{N2} = 2$ kN，$F_{N3} = -3$ kN；(b) $F_{N1} = 5$ kN，$F_{N2} - 12$ kN；

　　　(c) $F_{N1} = 2$ kN，$F_{N2} = 0$，$F_{N3} = 8$ kN；(d) $F_{N1} = -9$ kN，$F_{N2} = -6$ kN，$F_{N3} = -2$ kN

4-32　$\sigma_{max} = 67.9$ MPa

4-33　$\sigma_{max} = 127.3$ MPa，$\Delta l = 0.493$ mm

4-34　$F = 40.4$ kN

4-35　$\theta = 54°44'$

4-36　$\Delta l = \dfrac{ql}{E}$，$\Delta t = -\dfrac{\mu q t}{E}$，$\Delta D = -\dfrac{\mu q D}{E}$

4-37　$\alpha \leqslant 32°$，$F_{max} \leqslant 66.7$ kN

4-38　$F \geqslant 3.6$ kN

4-39　$d \geqslant 33.4$ mm，$t \leqslant 11.1$ mm

4-40　$d \geqslant 11.3$ mm

4-41　$\tau = 28.6$ MPa $\leqslant [\tau]$，$\sigma_{bs} = 81.6$ MPa $\leqslant [\sigma_{bs}]$，安全

4-42　$\tau = 63.7$ MPa $\leqslant [\tau]$，$\sigma_{bs} = 100$ MPa $\leqslant [\sigma_{bs}]$，$\sigma_{max} = 100$ MPa $\leqslant [\sigma]$，该连接
　　　结构安全

4-43　$a \geqslant 24$ mm，$l \geqslant 240$ mm

第 5 章

一、选择题

5-1 C；5-2 D；5-3 B；5-4 A；5-5 A；5-6 D；5-7 B；5-8 C；5-9 C

5-10 D；5-11 D；5-12 A；5-13 C；5-14 C；5-15 C；5-16 C；5-17 C

二、填空题

5-18 横截面扭断；横截面上的切应力达到极限值；45° 斜截面螺旋断裂；该截面上的拉应力达到极限

5-19 2

5-20 0.637

5-21 13.36

5-22 0.51；0.47

三、计算题

5-23 略

5-24 $\tau_A = 16.4$ MPa，$\tau_{max} = 40.8$ MPa

5-25 $\tau_A = 63.6$ MPa，$\tau_{max} = 84.7$ MPa，$\tau_{min} = 42.4$ MPa

5-26 （1）$\tau_{max} = 49.8$ MPa；（2）略；（3）$\theta_{AC} = 0.0242$ rad

5-27 （1）$[M_e] = 39.3$ kN·m；（2）$P = 617.3$ kW

5-28 $d \geqslant 45.3$ mm

5-29 AB 段：$\tau_{max} = 48.9$ MPa $< [\tau]$，$\theta_{max} = 1.4°/m > [\theta]$；

BCD 段：$\tau_{max} = 88.1$ MPa $< [\tau]$，$\theta_{max} = 2.1°/m > [\theta]$ 刚度不足，不安全。

5-30 （1）$\tau_{max} = 97.3$ MPa $< [\tau]$，$\theta_{max} = 1.84°/m < [\theta]$，安全；（2）$d = 53.1$ mm

第 6 章

一、选择题

6-1 D；6-2 D；6-3 C；6-4 A；6-5 B；6-6 D；6-7 A；

6-8 C；6-9 A；6-10 B；6-11 A；6-12 C；6-13 C

二、填空题

6-14 相同；不同；相同

6-15 约束反力；静力学中刚体（系）的平衡

6-16 左上右下；左顺右逆

6-17 集中载荷大小；相同；拐点；集中力偶大小；集中力偶是顺时针时，弯矩图曲线向下突变（变小），集中力偶是逆时针时，弯矩图曲线向上突变（变大）

6-18 水平直线段；斜直线段

6-19 斜向下直线段；上凸抛物线

三、计算题

6-20 （a）$F_{s1} = -7.5$ kN，$M_1 = -15$ kN·m；$F_{s2} = -7.5$ kN，$M_2 = -30$ kN·m；

$$F_{s3} = 20 \ kN, \ M_3 = -30 \ kN \cdot m$$

（b）$F_{s1} = 0$，$M_1 = 0$；$F_{s2} = -qa$，$M_2 = -\dfrac{1}{2}qa^2$；$F_{s3} = -qa$，$M_3 = \dfrac{1}{2}qa^2$

（c）$F_{s1} = -qa$，$M_1 = -\dfrac{1}{2}qa^2$；$F_{s2} = -\dfrac{3}{2}qa$，$M_2 = -2qa^2$；$F_{s3} = qa$，

$M_3 = -qa^2$

（d）$F_{s1} = 2 \ kN$，$M_1 = 6 \ kN \cdot m$；$F_{s2} = -3 \ kN$，$M_2 = 6 \ kN \cdot m$

6-21　（a）AC 段：$F_s(x) = -F$ $(0 < x < \dfrac{a}{2})$，$M(x) = -Fx$ $(0 \leqslant a \leqslant \dfrac{a}{2})$

　　　　CB 段：$F_s(x) = \dfrac{1}{2}F$ $(\dfrac{a}{2} < x < a)$，$M(x) = -\dfrac{1}{4}F(3a - 2x)$ $(\dfrac{a}{2} \leqslant a \leqslant x)$

　　　（b）AC 段：$F_s(x) = -2 \ kN$ $(0 < x < 2)$，$M(x) = (6 - 2x) \ kN \cdot m$ $(0 \leqslant x \leqslant 2)$

　　　　CB 段：$F_s(x) = -22 \ kN$ $(2 < x < 3)$，$M(x) = (46 - 22x) \ kN \cdot m$ $(2 \leqslant x \leqslant 3)$

　　　（c）AC 段：$F_s(x) = \dfrac{1}{4}qa$ $(0 < x < a)$，$M(x) = \dfrac{1}{4}qax$ $(0 \leqslant x \leqslant a)$

　　　　CB 段：$F_s(x) = \dfrac{5}{4}qa - qx(a < x < 2a)$，

　　　　$M(x) = \dfrac{q}{4}(-2x^2 + 5ax - 2a^2)$ $(a \leqslant x \leqslant 2a)$

6-22　（略）

第 7 章

一、选择题

7-1 B；　7-2 C；　7-3 C；　7-4 A；　7-5 B；　7-6 A；　7-7 C；　7-8 A；　7-9 A

7-10 A；　7-11 D；　7-12 D；　7-13 B；　7-14 A；　7-15 C

二、填空题

7-16　剪力；弯矩；弯矩

7-17　纵向对称面；纵向对称面

7-18　简支梁；外伸梁；悬臂梁

7-19　线性变化；零；大

7-20　上下边缘；中性轴

7-21　$\dfrac{\pi d^4}{64}$；　$\dfrac{\pi d^3}{32}$；　$\dfrac{\pi d^4}{64}\left(1 - \alpha^4\right)$；　$\dfrac{\pi d^3}{32}\left(1 - \alpha^4\right)$

7-22　$W_工 > W_矩 > W_圆$

7-23　最大弯矩值；抗弯截面系数

7-24　挠度；转角

7-25　四；边界；连续

三、计算题

7-26　（a）矩形：$\sigma_A = 2.54 \ MPa$，$\sigma_B = -1.62 \ MPa$，$\sigma_C = 0$；

　　　（b）圆环：$\sigma_A = 65.4 \ MPa$，$\sigma_B = -32.7 \ MPa$，$\sigma_C = -65.4 \ MPa$

7-27 （1）B 截面：$\sigma_{t,max} = 60$ MPa，$\sigma_{c,max} = 140$ MPa；

（2）整个梁危险截面上：$\sigma_{t,max} = 455$ MPa，$\sigma_{c,max} = 195$ MPa

7-28 实心：$\sigma_{1,max} = 81.5$ MPa，空心：$\sigma_{2,max} = 64.2$ MPa，78.8%

7-29 No：20a 工字钢

7-30 $h = 2b \geqslant 101.6$ mm，$d_1 \geqslant 96.2$ mm，$D = 2d_2 \geqslant 98.3$ mm，

$A_1 \geqslant 5161.3$ mm^2，$A_2 \geqslant 7268.4$ mm^2，$A_3 \geqslant 5703.5$ mm^2

7-31 B 截面：$\sigma_{t,max} = 24.1$ MPa $< [\sigma_t]$，$\sigma_{c,max} = 52.4$ MPa $< [\sigma_c]$；

C 截面：$\sigma_{t,max} = 34.9$ MPa $< [\sigma_t]$，$\sigma_{c,max} = 16.1$ MPa $< [\sigma_c]$

倒置后 B 截面处的最大拉应力：$\sigma_{t,max} = 52.4$ MPa $> [\sigma_t]$，不安全！

7-32 （1）$\tau_{max} = 107.1$ MPa，$\tau_A = 52.5$ MPa，$\tau_B = 87.5$ MPa

（2）$\tau_{max} = 29.2$ MPa，$\tau_{min} = 25.4$ MPa

7-33 $\sigma_{max} = 6.7$ MPa $< [\sigma]$，$\tau_{max} = 0.83$ MPa $< [\tau]$，强度合格

7-34 （a）$\theta_A = -\dfrac{M_e l}{6EI}$，$\theta_B = \dfrac{M_e l}{3EI}$，$w_A = w_B = 0$

（b）$\theta_A = -\dfrac{11 M_e l}{6EI}$，$\theta_B = \dfrac{11 q a^3}{6EI}$，$w_A = w_B = 0$

第 8 章

一、选择题

8-1 D；8-2 A；8-3 C；8-4 D；8-5 D；8-6 A；8-7 D；8-8 D；8-9 A；8-10 C

二、填空题

8-11 $\sigma_1 \geqslant \sigma_2 \geqslant \sigma_3$

8-12 0；-20 MPa；-100 MPa

8-13 单向应力；平面应力

8-14 30 MPa；60 MPa

8-15 105.8

8-16 $\varepsilon_1 = \dfrac{1}{E}[\sigma_1 - \mu(\sigma_2 + \sigma_3)]$；$\varepsilon_2 = \dfrac{1}{E}[\sigma_2 - \mu(\sigma_3 + \sigma_1)]$；$\varepsilon_3 = \dfrac{1}{E}[\sigma_3 - \mu(\sigma_1 + \sigma_2)]$

8-17 单向

8-18 第一或第二；第三或第四

三、计算题

8-19 （a）$\sigma_{60°} = -27.3$ MPa，$\tau_{60°} = -27.3$ MPa；（b）$\sigma_{30°} = 52.3$ MPa，$\tau_{30°} = -18.7$ MPa

8-20 （1）（a）$\sigma_1 = 140$ MPa，$\sigma_2 = 40$ MPa，$\sigma_3 = 0$，$\alpha_0 = 26.57°$；

（b）$\sigma_1 = 54.7$ MPa，$\sigma_2 = 0$，$\sigma_3 = -34.7$ MPa，$\alpha_0 = 13.28°$

（2）略

8-21　（1）（a）$\sigma_1 = 2\sigma, \sigma_2 = 0, \sigma_3 = 0, \sigma_{r3} = 2\sigma$，单向应力状态；

（b）$\sigma_1 = \sqrt{2}\sigma, \sigma_2 = 0, \sigma_3 = -\sqrt{2}\sigma, \sigma_{r3} = 2\sqrt{2}\sigma$，平面应力状态，最危险；

（c）$\sigma_1 = 2\sigma, \sigma_2 = 0, \sigma_3 = 0, \sigma_{r3} = 2\sigma$，单向应力状态

（2）图(b)所示的点最容易屈服

8-22　（1）A 截面下边缘点最危险，（2）$\sigma_{r3} = 80.6 \text{ MPa}$

8-23　（1）略

（2）1 点：$\sigma_1 = 0$，$\sigma_2 = 0$，$\sigma_3 = -93.7 \text{ MPa}$，$\tau_{max} = 46.9 \text{ MPa}$，$\alpha_0 = 0$

2 点：$\sigma_1 = 3.9 \text{ MPa}$，$\sigma_2 = 0$，$\sigma_3 = -50.8 \text{ MPa}$，$\tau_{max} = 27.3 \text{ MPa}$，

$\alpha_0 = 15.48°$

3 点：$\sigma_1 = 18.75 \text{ MPa}$，$\sigma_2 = 0$，$\sigma_3 = -18.75 \text{ MPa}$，$\tau_{max} = 18.75 \text{ MPa}$，

$\alpha_0 = 45°$

第 9 章

一、选择题

9-1 D；9-2 B；9-3 A；9-4 D；9-5 C；9-6 C

二、填空题

9-7　轴向拉伸（压缩）；弯曲；弯曲；扭转

9-8　轴向拉伸；压弯组合

9-9　弯曲；弯扭；拉弯

9-10　拉弯组合变形强度条件：（a）对于塑性材料有 $\sigma_{max} = \left| \pm \dfrac{F_N}{A} \pm \dfrac{M}{W_z} \right| \leqslant [\sigma]$，（b）对于

脆性材：$\sigma_{t,max} = \dfrac{F_N}{A} + \dfrac{M_{max}}{W_z} \leqslant [\sigma_t]$；圆轴弯扭转组合变形的强度条件：

$$\sigma_{r3} = \frac{\sqrt{M^2 + T^2}}{W_z} \leqslant [\sigma], \quad \sigma_{r4} = \frac{\sqrt{M^2 + 0.75T^2}}{W_z} \leqslant [\sigma]$$

9-11　压缩；弯曲

9-12　切应力

9-13　两；二向

三、计算题

9-14　$\sigma = 135.1 \text{ MPa} < [\sigma]$，强度合格

9-15　$h \geqslant 82.6 \text{ mm}$

9-16　$F \leqslant 21.1 \text{ kN}$

9-17　$d \geqslant 77.4 \text{ mm}$

9-18　$\sigma_{r3} = 107.4 \text{ MPa} < [\sigma]$，强度合格

9-19　$\sigma_{r4} = 54.4 \text{ MPa} < [\sigma]$，强度合格

9-20　$\sigma_{max} = 60 \text{ MPa}$

9-21　$P = 48.4 \text{ kN}$

第 10 章

一、选择题

10-1 D，10-2 A，10-3 C，10-4 D，10-5 B

二、填空题

10-6　最大；最小

10-7　相当长度

10-8　材料 E

10-9　失稳；强度不够

10-10　柔度

10-11　(b)

10-12　4:1

三、计算题

10-13　$[P] = 50.5$ kN

10-14　(1) $P_{max} = 138.9$ kN $< [\sigma]$；(2) $[P] = 331$ kN

10-15　$F_B = 62.5$ kN $< \dfrac{P_{cr}}{P} = 82.7$ kN，稳定性足够

参考文献

[1]哈尔滨工业大学理论力学教研室. 理论力学（Ⅰ）. 6 版. 北京：高等教育出版社，2002.

[2]费学博，黄纯明，陈乃立. 理论力学. 3 版. 北京：高等教育出版社，1999.

[3]郝桐生. 理论力学. 3 版. 北京：高等教育出版社，2003.

[4]唐晓雯. 理论力学辅导与训练. 北京：机械工业出版社，2010.

[5]刘鸿文. 材料力学. 4 版. 北京：高等教育出版社，2004.

[6]刘鸿文. 简明材料力学. 2 版. 北京：高等教育出版社，2008.

[7]孙训方，方孝淑，关来泰. 材料力学（Ⅰ）. 4 版. 北京：高等教育出版社，2002.

[8]单辉祖. 材料力学. 2 版. 北京：高等教育出版社，2004.

[9]单辉祖，谢传锋. 工程力学：静力学与材料力学. 北京：高等教育出版社，2004.

[10]李卓球，朱四荣. 工程力学. 武汉：武汉理工大学出版社，2008.

[11]张秉荣. 工程力学. 4 版. 北京：机械工业出版社，2011.

[12]胡文绩，等. 简明工程力学. 成都：西南交通大学出版社，2009.

[13]全沅生. 工程力学. 2 版. 武汉：华中科技大学出版社，2004.

[14]金铮. 工程力学习题与解答. 南京：东南大学出版社，2010.

[15]李志君，许留旺. 材料力学思维训练题集. 北京：中国铁道出版社，2000.

[16]夏时行，郑学军，刘庆潭，等. 材料力学综合强化训练. 长沙：中南工业大学出版社，2000.

[17]钱民刚，张英. 材料力学基本训练. 北京：科学出版社，2003.

[18]中国海事服务中心. 主推进动力装置. 大连：大连海事大学出版社，北京：人民交通出版社，2012.